青少年 科普图书馆

图说生物世界

拿蛇当正餐的“蛙神”

——两栖动物

侯书议 主编

上海科学普及出版社

图书在版编目(CIP)数据

拿蛇当正餐的“蛙神”：两栖动物 / 侯书议主编. —上海：上海科学普及出版社，2013.4（2022.6重印）

（图说生物世界）

ISBN 978-7-5427-5607-7

Ⅰ. ①拿… Ⅱ. ①侯… Ⅲ. ①两栖动物－青年读物②两栖动物－少年读物 Ⅳ. ①Q959.5-49

中国版本图书馆CIP数据核字(2012)第271697号

责任编辑 李　蕾

图说生物世界

拿蛇当正餐的“蛙神”——两栖动物

侯书议 主编

上海科学普及出版社

（上海中山北路832号 邮编 200070）

http://www.pspsh.com

各地新华书店经销　三河市祥达印刷包装有限公司印刷

开本 787×1092 1/12　印张 12　字数 86 000

2013年4月第1版　2022年6月第3次印刷

ISBN 978-7-5427-5607-7 定价：35.00元

图说生物世界
编 委 会

前言

两栖动物世界真是奇妙多彩，它们的种类超过 4000 种，它们是“海军陆战队”，也有一丁点的“制空权”，是“勇冠三军”的大家族！大家常见的两栖动物有青蛙、蟾蜍等，娃娃鱼是不常见的种类，至于怕见人的蝾螈以及像蚯蚓但有脊椎骨的蚓螈，更是很难见到的了。它们漂亮得惊艳，聪明得可爱，懒惰得可笑，贪吃得要命，勇敢得出奇。它们本领高强，长相奇特，要评最有趣的动物，它们有份儿；评最美丽的动物，它们也有份儿；评最长寿的动物，它们还有份儿！它们生生不息地装点着这个美丽而神奇的星球。

现在，我们就可以认识一些两栖类的朋友，它们是两栖动物中的优秀代表。

先说说两栖动物中的伟大父爱母爱：有把孩子们含在嘴里抚养的达尔文蛙；有在胃里养育子女、50 多天不吃不喝的澳大利亚青蛙；有背部搭建最温暖、湿润产床，驮着子女直到长大的负子蟾，甚至有把自己的“肉”给子女吃的非洲蚓螈，这种父母之爱感天动地！

再说说各种两栖动物的“独门秘诀”：有反客为主的最强悍的强

盗海蟾蜍；有在几分钟之内杀死 10 个成人的金毒镖蛙；有只有黄豆大小的微型迷你蛙；有神奇透明的玻璃蛙；有派头十足、贪吃不动的老爷树蛙；有会打手语的巴拿马金蛙；有最勇敢的吞吃毒蛇的烟蛙；有可以在树冠间飞来飞去的飞蛙；有亮一亮红肚皮就让蛇类远远滚开的东方铃蟾等。

此外，还有长着长鼻子的印尼树蛙；长“胡子”的峨眉髭蟾；能活 200 岁的老寿星娃娃鱼；居住在枯木里像烈火一样的火蝾螈……好了，到了两栖动物园的大门口了，大家快进去参观吧！

目录

养儿育女不容易·育儿榜

冠军名声响外头·冠军榜

没两下子怎么混·技能榜

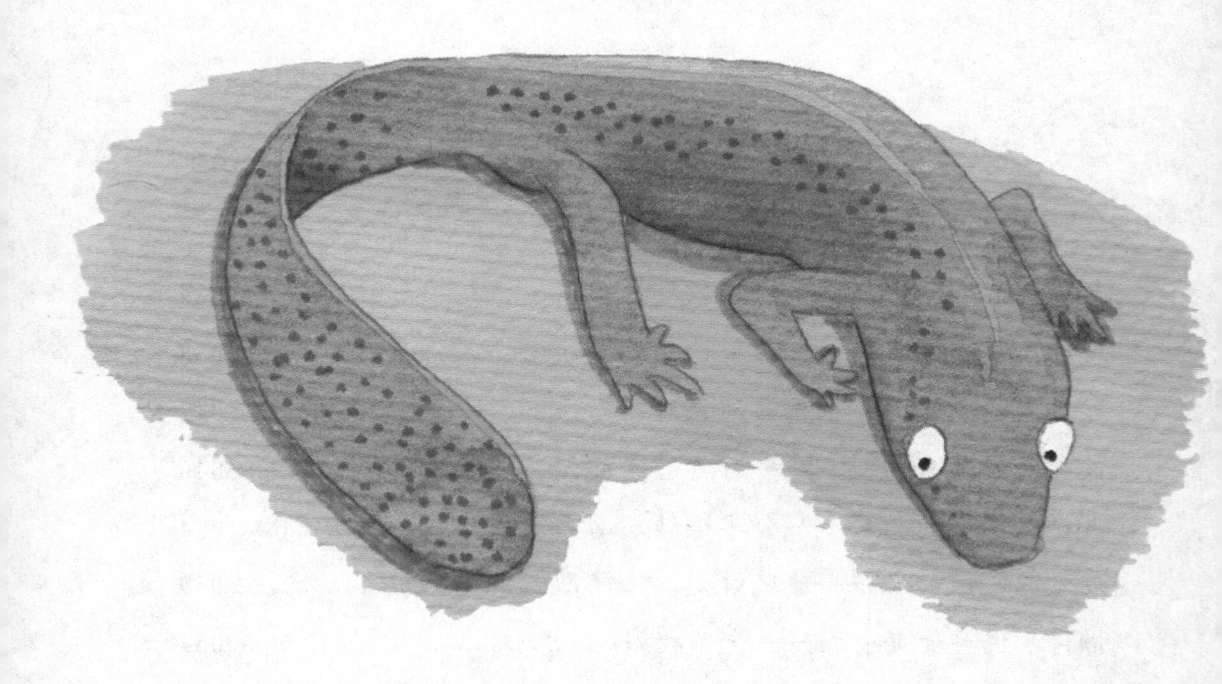

型男型女到处走·T台榜

居住生活很讲究·家居榜

能吃能喝好胃口·肚皮榜

养儿育女不容易·育儿榜

关键词：非洲蚓螈、产婆蟾、达尔文蛙、澳大利亚青蛙、负子蟾

导　读：两栖类动物中有一些特别的种类，其育儿方式，或令人拍案叫绝，或令人惊奇不已，或令人捧腹大笑。就让我们一起走进这个神秘、有趣的两栖类动物“育儿”王国里去探个究竟吧！

两栖动物中的“啃老族”——非洲蚓螈

说起“啃老族”，你肯定不陌生，因为宅男、宅女的大量涌现，这种平时呆在家不外出做工——无论主动或被动——花钱时伸手向父母要的儿女们被坊间称为“啃老族”。可是比起两栖动物中的非洲蚓螈，他们就差远啦！

非洲蚓螈小时候就爬在妈妈的背上，只要肚子饿了，就抱着妈妈啃！这才叫真正的“啃老族”啊！

吃妈妈吗？是啊，没错！你不相信吗？看这里——

2008 年 6 月，科学家在非洲发现了一种像蚯蚓一样的两栖动物——蚓螈，它们的做法让人吃惊，它们竟然让刚出生的孩子吃自己身上的肉！

科学家研究发现：蚓螈是一种像恐龙一样古老的动物，它们属于卵胎生动物，幼体在蚓螈妈妈体内孵化到即将成形后被排出来，蚓螈妈妈产下卵后，皮肤外层就产生一种与牛奶一样富含营养的物质，能够补充幼儿的脂肪，帮助它们健康成长。当孩子们破壳而出的时候，它们就用与生俱来的特别牙齿撕咬这层脂肪。

这个发现让负责此项研究的伦敦自然历史博物馆生物学家马克·威尔金森博士大跌眼镜，他说：“这是我们观察到的一件令人惊异的事情。”

蚓螈为什么会“啃老”呢？威尔金森博士认为，在它们的皮肤上形成脂肪层，可能要比使卵子产生卵黄付出的代价更小一些，所有活着出生的孩子都可以吃到这层脂肪层，十分经济，并不“残忍”。

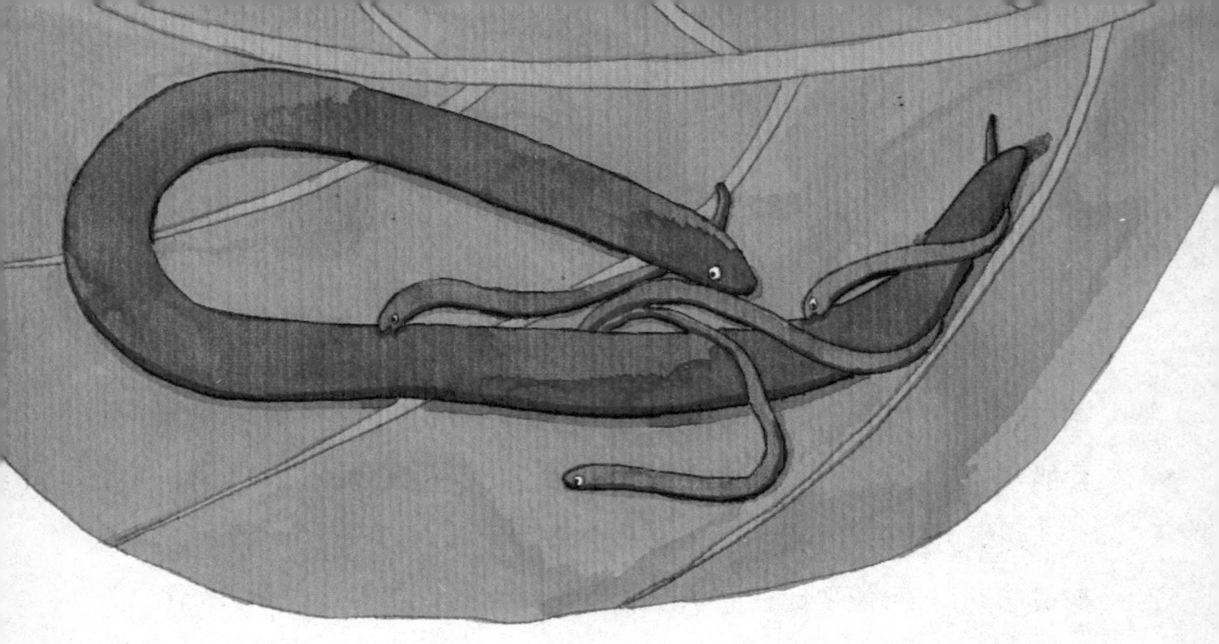

但他们至今也没研究出这层脂肪层里含有哪些成分，幼小的蚓螈怎么知道何时停止“啃食”才不会杀死妈妈?

这种幼体蚓螈用特殊的牙齿撕咬着母亲的皮肤，看起来十分残忍无情，但参与研究的另外一些学者却不这么认为。他们解释说，由于这种两栖动物要进行蜕皮，因此事实上这是一种较为聪明的、一举两得的哺育方式，蚓螈母体能够生长至 1 英尺长(约合 30.48 厘米)，将自己的皮肤哺养后代并不会导致身体的损害。

也就是说，蚓螈妈妈只是用另外一种方式蜕皮而已，一点不会影响它全家的幸福生活。

这种长年生活在地下的非洲蚓螈，最喜欢吃土壤中的小虫子和蚯蚓等无脊椎动物。它们没有牙齿，一般是把小动物囫囵吞到胃里慢慢消化。有囫囵吞枣的本领，那就得有一副好胃口!

全世界已发现的蚓螈共有 162 种，广泛分布于各大洲赤道附近与南北回归线之间的热带、亚热带地区，我国仅有 1 科 2 种。

蚓螈是一种奇特的动物，体长圆形，皮肤裸露，上有多数环状皱纹和黏液，类似蚯蚓但有眼睛（虽然视力差到极点）和嘴巴，体内有脊椎和肋骨；类似蝾螈但无四肢，但它们的嗅觉器官很发达。它们的孩子生在地洞里，却在水中长大，像鱼和蝌蚪一样用腮呼吸，长大后外鳃已消失，从此用发育成熟的肺部开始两栖生活。

世上最柔情的"父亲"——产婆蟾

如果你只看到"产婆蟾"的名字就武断地说它是雌性动物，那就大错特错了！

不过这也怪不得你，因为产婆蟾的名字是第一次见到它的生物学家给起的——背上、后腿上都拖挂着一串串念珠似的透明卵，爬行也是小心翼翼的，还呆在浅水塘里 20 天一动不动地"坐月子"，不是雌蟾又是什么？

想想看，连跳跃都不会、只能笨拙地爬行的蟾蜍，是不是长得既丑又笨啊？这与敏捷可爱的"青蛙王子"简直不可同日而语。可是在弱肉强食的生物界，这正是产婆蟾的聪明之处，许多食肉动物都不喜欢吃它——还不是福分吗？除了"丑陋有理"外，蟾蜍也吃蚊子、苍蝇、庄稼的害虫。

而这里所说的"产婆蟾"更是世界上最柔情的父亲呢！

产婆蟾是欧洲和北非地区最常见的两栖动物。特别是生活在欧洲南部丛林水泽边的产婆蟾，长得五大三粗，重约 500 克，块头够大了吧，但它们性格温顺，行动迟缓，专吃森林草地的昆虫、蠕虫。

咕咕～

产婆蟾的“恋爱”也极为有趣。每当暮春季节，这些平时生活在陆地上的产婆蟾无论雌雄都赶到水塘里参加“情歌大赛”，当然，它们的歌喉也不怎么样，只能鼓着圆圆的眼睛唱出“咕咕咕”的单调情歌。但它们听得懂其中的“柔情蜜意”。当雌蟾看中了一只雄蟾时，就大大方方地游过去，毫不羞涩地骑在雄蟾的背上，它们就开始幸福的“恋爱”之旅了。

一段时间后，雌蟾排出一长串透明的卵带，缠在雄蟾身上，就算完成了做“妈妈”的任务，头也不回地走了。之后，有“模范丈夫”之称的雄蟾就把长长的和尚念珠般的卵带缠绕在自己腿上，趴在浅水塘里一动不动地

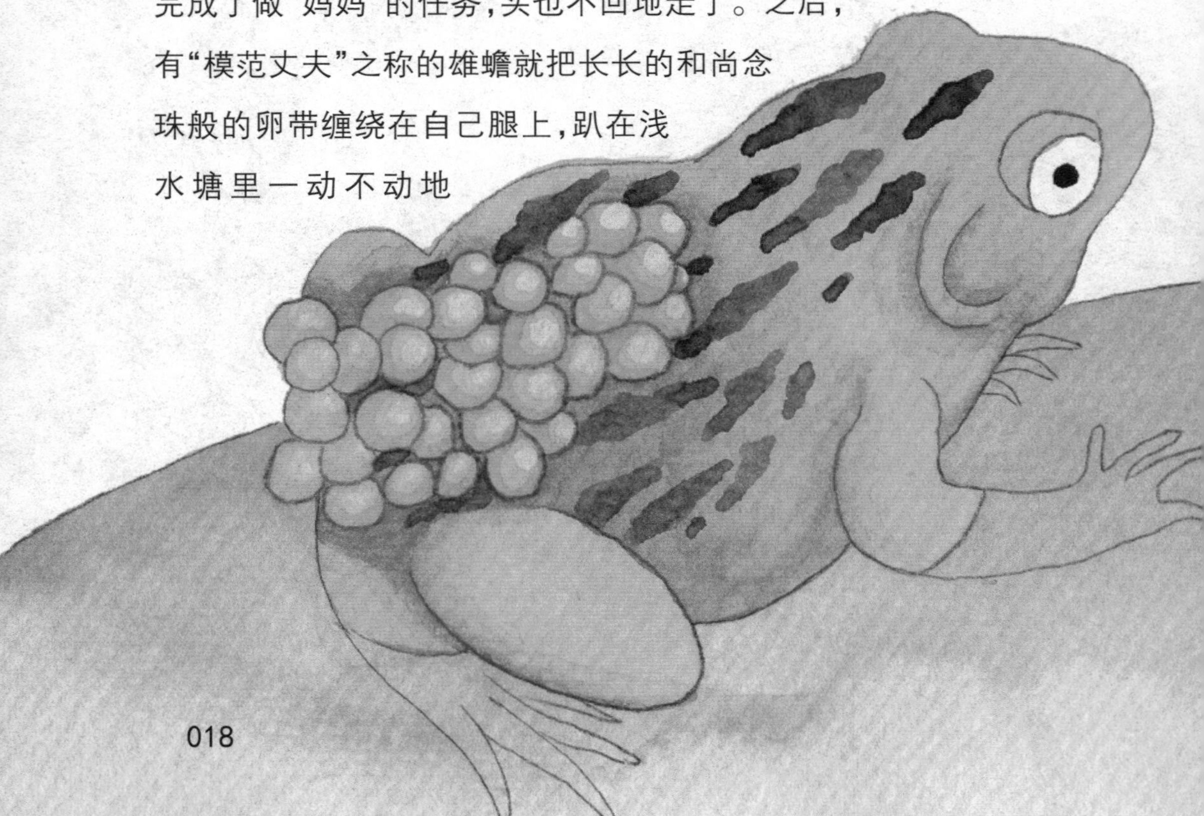

“坐月子”，静静地等待它们子女的出生了。

在这样清澈透明的浅水塘里，因为有“爸爸”的保护，这些正在发育中的卵不会被游来游去四处觅食的小鱼吃掉。就这样，一颗颗黑色的卵子在阳光和氧气充足的浅水层一天天长大，逐渐变成小蝌蚪的样子。

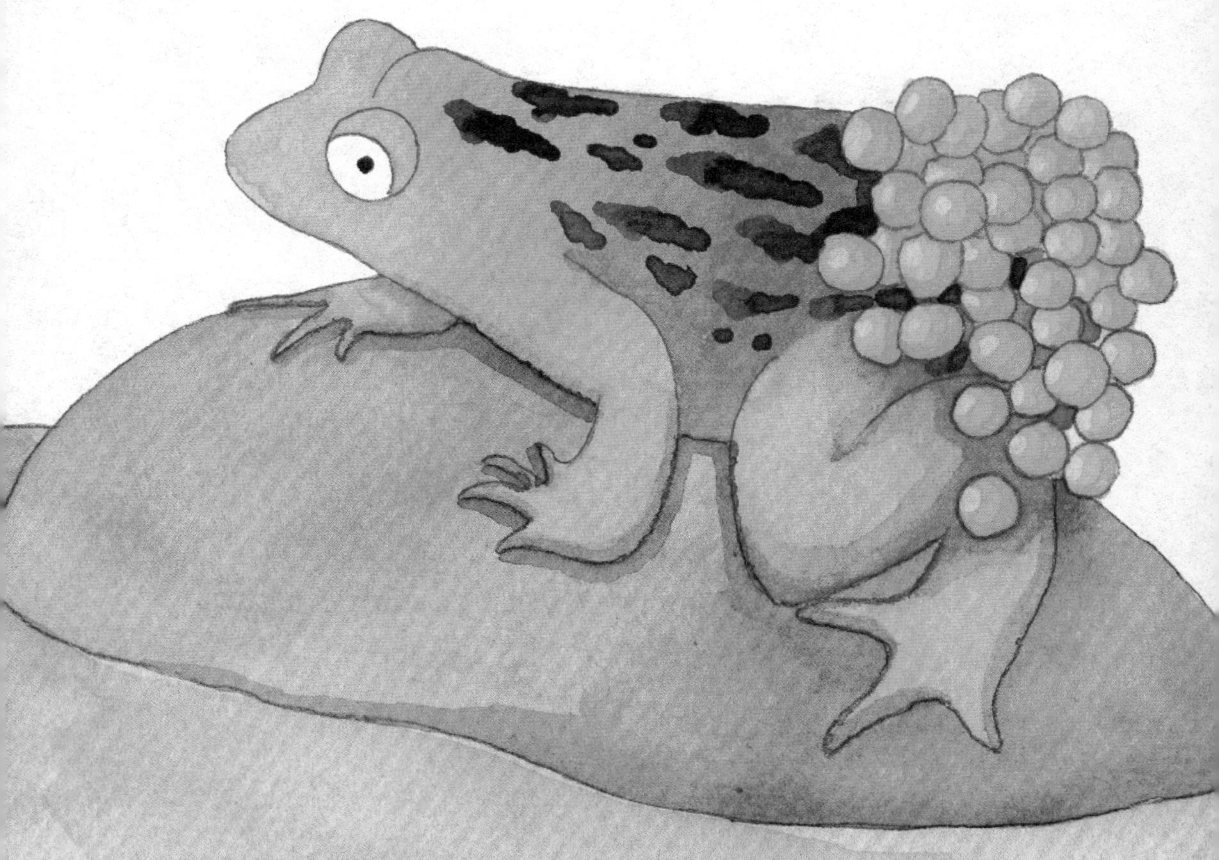

经过细心的“爸爸”20 天的精心呵护，一只只小蝌蚪从卵带里游出来，从此开始了它们危险中求生存的水族生活了。而 20 多天没吃没喝做产婆的“爸爸”，在完成了它的任务后，淡定地蹬着后腿搓掉黏糊糊的卵带，然后就到陆地上找吃的补充营养去了。

它们在"爸爸"的嘴里长大——达尔文蛙

天地之间,没有哪一种爱比父母的爱更宽广、更无私、更永恒。特别是对于独生子、老年得子,常常被父母视为"掌上明珠",那真是"捧在手中怕吓着,含在嘴里怕化了"。

在动物的世界里,父母之爱一点不逊色于我们人类的父母。你瞧,达尔文蛙就是这样一种把子女含在嘴里养大的"好爸爸"!

达尔文蛙据说是英国伟大的博物学家达尔文乘"贝格尔"号在

航行世界的途中发现的，因此命名。达尔文蛙仅有1属2种，是一种小型陆生蛙类，喜欢在丛林里跳来跳去，分布于南美洲西南部的温带森林中。

达尔文蛙最吸引达尔文的地方，就是它们把子女含在嘴里孵化的罕见习性。每当幸福的恋爱季节过后，蛙“妈妈”就会产下20~30个卵，这在蛙类中是很少见到的，因为其他的蛙“妈妈”一次可产下上万粒蛙卵！但达尔文蛙的“爸爸”天生的好脾气，不仅一点不怪罪产了卵就走的蛙“妈妈”，反而立即将蛙“妈妈”产下的卵呵护起来：轻轻地伏在卵上，从此就担当起了“好爸爸”的职责，把这仅有的不足30粒的蛙卵孵化养大。

几天后，蛙“爸爸”的体温和呵护让这些卵里逐渐出现了蝌蚪的雏形，等到蝌蚪即将孵化时，蛙“爸爸”就用舌头把它们卷起来吞咽下去。这可不是吃掉它的孩子，而把即将出生的孩子放到更安全的喉咙和前腹下的声囊里，达尔文蛙的声囊又大又深，也许这是动物界最安全、最省事的育儿室了。这个声囊会发出微小的铃声般的叫声，孵化出的小蝌蚪就在这里面生长发育，蝌蚪们靠吃卵黄生存，这原本是卵的一部分。

有趣的是，即使小蝌蚪在声囊里幸福地生活时，达尔文蛙的“爸爸”们也能继续进食，这让“好爸爸”们体力充足、精力充沛，可以更好地担任养育孩子们的任务。

大约 20 天左右，蝌蚪长到约 1 厘米、有了四肢，一条小尾巴即将褪去，变成可爱的小青蛙时，完成任务的“好爸爸”便张开大嘴，让小蛙们跳出来，从此去开始它们自食其力的独立生活。

好像是因为后代较少的缘故，达尔文蛙的“爸爸”比人类和其他动物更具有博爱精神。达尔文蛙生产常常到集中的固定地方，许多雌蛙会聚在一起产卵，然后由雄蛙去养育。蛙“爸爸”养育的蝌蚪并不一定是它亲生的，因为它只是捡起离它最近的那些卵去孵养。这种高尚的集体主义精神，减少了因为达尔文蛙产卵少而对整个家族造成的负面影响。

在胃里养育孩子的“母亲”——澳大利亚青蛙

刚刚了解了在嘴里养育子女的“好爸爸”的故事，你一定觉得达尔文蛙真是了不起，不愧是尽职尽责的“好爸爸”。

可是还有一种青蛙，为了子女的健康和安全，把它们放在胃里养育 50 多天自己却不吃不喝，直到子女长成幼蛙的样子，相对来说，这样的母亲更具有奉献精神。

大多数的蛙类都是把卵产在池塘、水田里，再自然孵化为蝌蚪，

小蝌蚪生出来后就可以自己开始独立生活了，但是这期间被比它稍大的鱼类、蜻蜓的水中幼虫、鸟类等天敌捕食的可能性也较大，只有一小部分卵才能最后长成大青蛙，完全处在自生自灭的状态。而身长仅 5.5 厘米的澳大利亚青蛙，为了保护自己的后代安全成长，青蛙母亲在胃里养育子女，让人惊叹母爱的伟大。

在澳大利亚昆士兰州的森林中，澳大利亚青蛙的雌蛙做了“准妈妈”后，先是把卵产在水中，静静地休息半小时左右，再把这些卵全部吞进胃里，在胃里开始卵的孵化之旅。正因为拥有奇特的胃，它们又被称为“胃蛙”。

此后 8 周左右的时间内，从蛙卵孵成蝌蚪、从蝌蚪变成幼蛙，直到小青蛙能够在水中漂浮时，雌蛙才张开大嘴巴，幼蛙们便像出笼的小猴子一样，一个个敏捷地从母亲的嘴中跳出来。

澳大利亚阿德莱德大学的迈克尔·泰勒教授经过8年的饲养、试验和观察，成功地拍摄了一部反映澳大利亚青蛙繁殖全过程的影片。在影片中，不到一秒钟的时间内，先后从蛙“妈妈”的嘴里跳出了4只幼蛙，以后连续几天，这只蛙“妈妈”的嘴里共跳出了26只小青蛙。这些小巧玲珑的幼蛙一个个像游泳健将，先后在水面优美地划

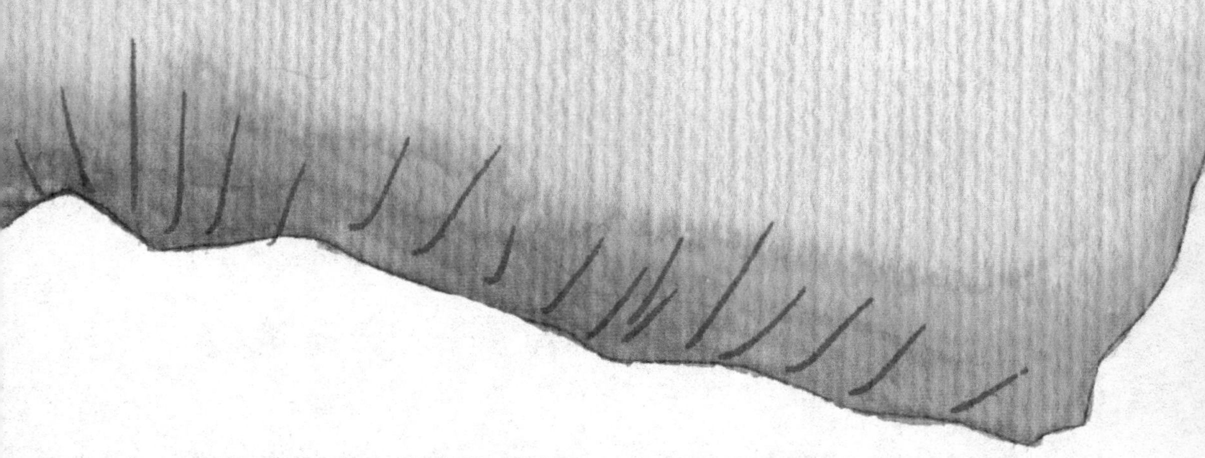

出一道道弧线，落在清凉的水塘里。它们划动四肢，在水面漂游，好奇地感知着这个陌生的环境。而身后的蛙“妈妈”则慈爱地看护着它的“宝宝”们。

幼蛙跳入池塘后，一般都在蛙“妈妈”周围活动，最远也不超过距母蛙 60 厘米远的距离，待稍大后才各奔东西，自由行动。

澳大利亚蛙的整个生殖过程全都在母蛙的胃里演变，这让科学家深感神奇。经长期研究，科学家们发现，澳大利亚蛙的雌蛙在怀孕后，其胃部由消化食物的功能转化成一个临时子宫，逐渐变得很庞大，以致把它的肺部压扁而无法呼吸，呼吸只好由皮肤来代替。

同时，科学家们还发现，雌蛙在怀孕期间能够从胃里分泌出一种治疗胃溃疡的物质。

如果科学家们研究明白了澳大利亚青蛙分泌的这种物质的机能和过程，以及这种物质里都有哪些成分，那么，在治疗人类的胃溃疡病方面将会出现一个新的突破。这也是澳大利亚蛙为人类医疗事业服务的一次奉献。

背囊上的幸福“产床”——负子蟾

负子蟾，又称苏里南蟾蜍，生活在南美洲的圭亚那和巴西的热带森林中，终生栖息在水中，尤其喜欢在混浊的水源甚至于被污染的水底生活。目前，这种蟾蜍主要发现于亚马逊河和奥里诺科河。负子蟾通常略显棕色或灰色，体态扁平，像一片枯败的近长方形树叶，头、眼、嘴巴都因为接近树叶状身体的前部而不太明显，头部略呈三角形。它趴在污浊的水塘旁边，与周围飘落的灰褐色树叶颜色十分接近，你根本无法轻易地发现它。成年负子蟾可以长到15~20厘米。负子蟾的前趾纤长，趾端有细小的星状突起物，有助于觅食活动。后肢粗壮，五趾间有很发达的蹼，这说明它是一名动作娴熟的游泳健将。

负子蟾以奇特的生育方式而引起科学家们的关注。每年的4月份是负子蟾的恋爱季节，当它们不约而同地聚集在一起时，雌性就会发出一种特别的气味来吸引雄蟾。如果哪只雄蟾“看上”多情的雌蟾，就会上前用前肢紧抱雌蟾的后肢（雄性脚蹼上有小吸盘），趴在雌蟾背上，然后双双躲到一旁恋爱去了。一昼夜后雌蟾开始产卵，每

次产卵约 40 ~ 100 粒。

最有趣的就是雄蟾帮助雌蟾把宝宝们安置到它的背部松软的“产床”上的过程了。繁殖期间，雌蟾的背部变得厚实、柔软，像海绵一样，并形成一个个像蜂窝一样的小穴，母体的大小不同，小穴数目多达 30 个甚至上百个。这时，在水中的受精卵就由殷勤的雄蟾用后肢夹着，一个个地推着放在雌蟾背上的小穴里，并负责“关好门窗”。经过雄蟾手脚并用地一阵子忙活，一个个卵子就被“种到”雌蟾后背温暖、湿润、安全的“产床”上了。但每只雌蟾一次只可背负 30 ~ 80 颗卵，而那些被“遗失”在水中的卵，是不能完成自我孵化任务的，只能被别的水生动物吞吃掉。

大约 2 周后，在安全、舒适的小穴里孵化形成的蝌蚪顶开穴盖，钻出来跳到水中游泳。再经过一个月的时间之后，小蝌蚪就脱掉尾

巴，变成小负子蟾了。一旦小蝌蚪从背上钻出，蟾“妈妈”也就完成了它的孵化任务了，会马上在树上或石头上蹭背，皮肤的上层便脱落下来，于是它又恢复到了繁殖前的模样。

负子蟾还有一个独特之处：没有舌头。这与绝大多数蛙类和蟾蜍靠长舌翻卷捕食不同。终生生活在水中的负子蟾，靠吃小鱼和水中的无脊椎动物为生。在长期干旱的情况下，它们多集中在尚未干涸的水塘内。雨季到来后，则分散活动在积满雨水的水塘和凹地水坑内。

在神奇的两栖世界里，身体扁平、眉眼都看不大清楚、样子普通得就像一片枯败老树叶的负子蟾，以一种特有的繁育方式，在池塘水畔延续着它们无私的、恒久的母爱。

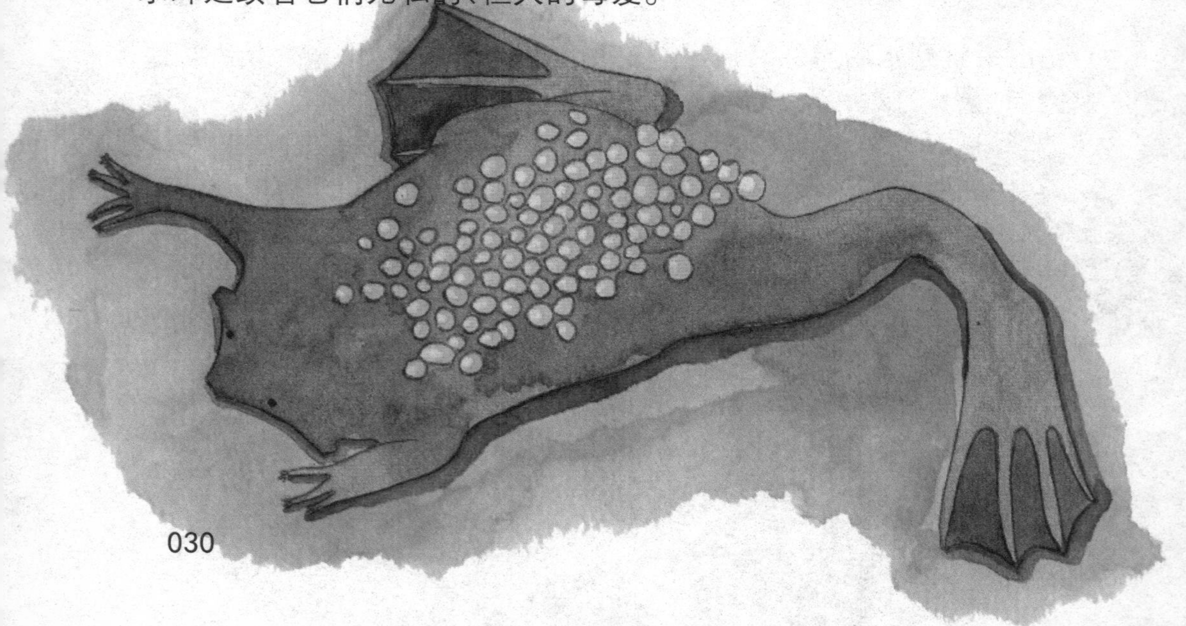

冠军名声响外头·冠军榜

关键词：海蟾蜍、微型迷你蛙、非洲巨蛙、箭毒蛙家族、金毒镖蛙、玻璃蛙、老爷树蛙

导　读：这是一组堪称“冠军”的两栖类动物，它们之中，有个头最大的蛙，也有个头最小的蛙，当然还有最毒的蛙。

超强悍的“侵略者”——海蟾蜍

说到生物入侵，海蟾蜍绝对是一个绕不过去的重要角色，它对于澳大利亚人来说，就像个挥之不去的梦魇。

1932 年 8 月 18 日，有 102 只海蟾蜍从夏威夷群岛被送到了澳大利亚。它们被释放到澳大利亚昆士兰州北部的甘蔗种植园内，起初的目的是用来控制甘蔗甲虫的危害。

大家先来了解一下海蟾蜍。海蟾蜍又名甘蔗蟾蜍，原产于中美

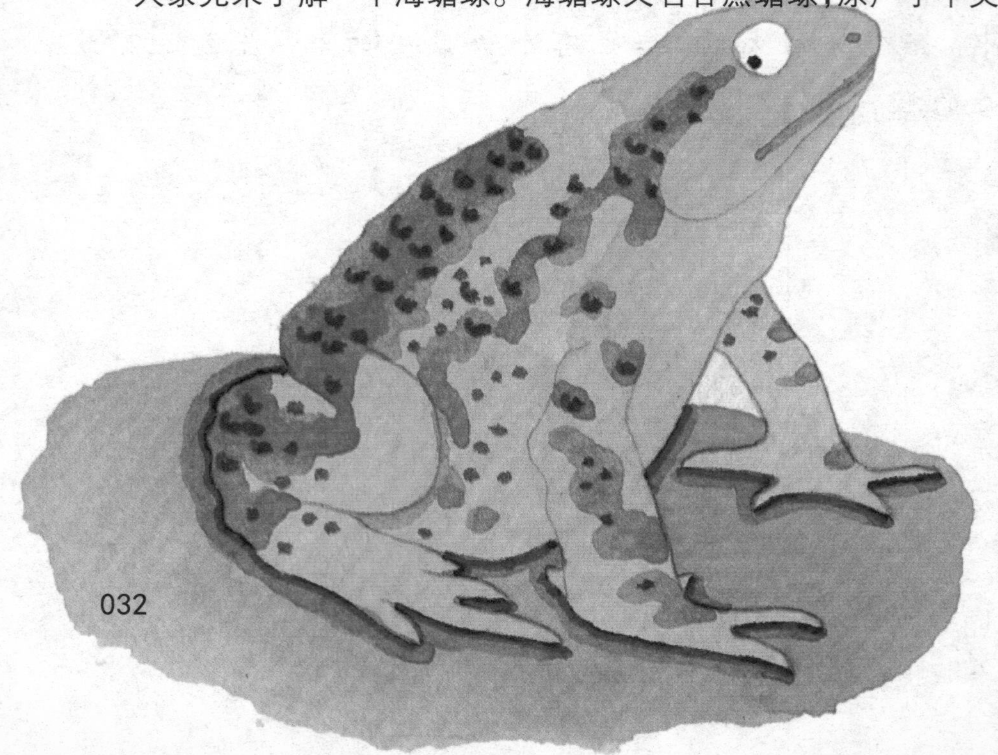

洲及南美洲茂密的亚热带森林中，它并不像它的名字那样是水中生活的，反倒是全陆生的，“旱鸭子”一个。只有在繁殖的时节海蟾蜍才会到水边产卵。海蟾蜍的蝌蚪也不简单：可以在 15%盐度的海水中生存，这是让其他类的蝌蚪望而却步的含盐度。海蟾蜍喜欢栖息在开放辽阔的草原及林地，尤其是经人工改造的地方，如花园及排水沟，都会让它们生活得像在天堂般快活。而在它们的原产地，它们主要出没于亚热带森林中，但是那里茂密的植物限制了它们家族的“领土扩张”。所以，只要离开“祖籍”出来混的海蟾蜍，几乎都有超强的反客为主的本领。

接下来，我们就来看看海蟾蜍们强取豪夺的斑斑劣迹。

到了 1937 年，总共大约有 6 万只海蟾蜍被引入了澳大利亚。然而，这却是一个远远无法预知结果的“引狼入室”的错误举措。到达澳大利亚的海蟾蜍并没有起到灭虫的作用，反而以其势不可挡的

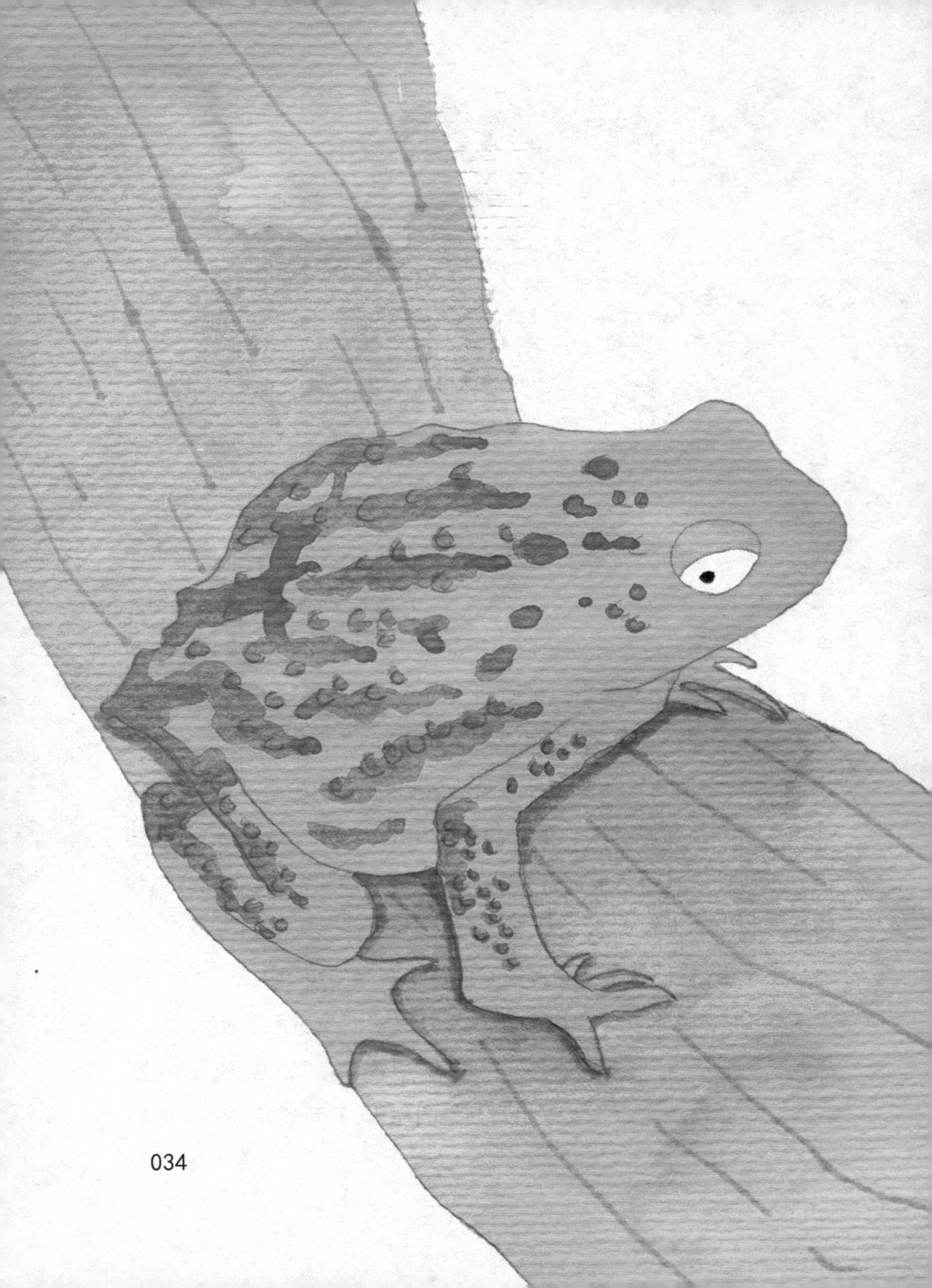

入侵霸气，给当地的生物界带来了另一场灾难。

这些外来“入侵者”海蟾蜍们有着超强悍的好胃口。它们的幼体和成体可以吃掉身边所有可能吃的食物，从其他蛙类到没人看护的狗食，无所不吃。这对当地食物链造成严重影响。吃得越多长得就越大。据吉尼斯世界纪录记载，最大的海蟾蜍生活在瑞士，体重达到了 2.7 千克，身体的大小就如同一只小狗。

此外，海蟾蜍的毒性非常大。对于大多数动物来说，如果吞吃了它们的卵、蝌蚪或者成体，差不多会立刻引起心力衰竭。一些澳大利亚的博物馆展出了被海蟾蜍毒死的蛇，蟾蜍竟然在蛇的嘴里就把蛇毒死了。

经常以当地蛙类为食的澳大利亚袋鼬已经有灭绝的危险。据说，生猛凶悍的海蟾蜍甚至可以毒杀体型较大的鳄鱼。这么看来，海蟾蜍的毒性实在是太强了，甚至于它们经过一次的水，让宠物狗喝了就会生病。

海蟾蜍有超强悍的生殖繁衍能力。与当地的一些澳大利亚蛙类相比，海蟾蜍的产卵量是它们的 4 倍。海蟾蜍的蝌蚪不但成熟得很快，而且因为具有毒性，所以不会被吃掉，成活率几乎百分百，这相对于其他两栖类的卵百分之三四十的成活率是占绝对优势的。海蟾蜍的寿命很长，野生为 10～15 岁，饲养条件下更可达 35 岁。所以

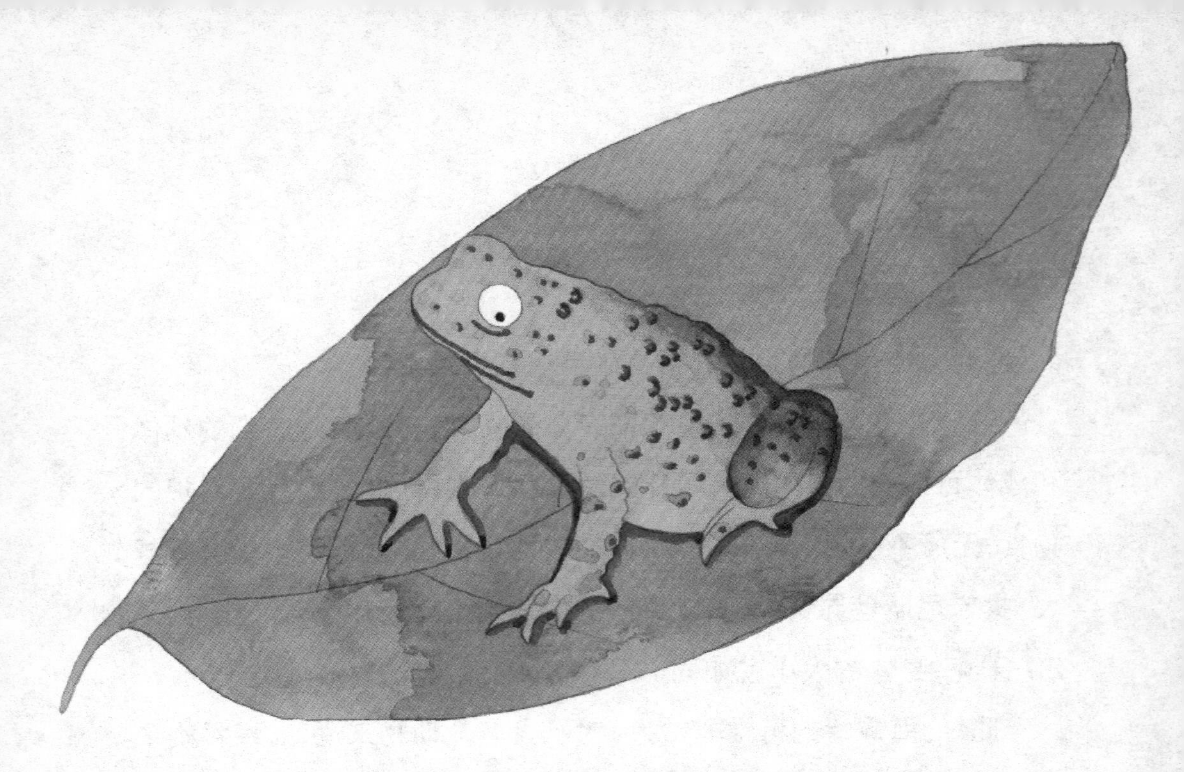

贪吃无敌的海蟾蜍所到之处，其他两栖同类几乎绝迹。

更令人担心的是，在新的环境中，海蟾蜍不断在改变着自己。它们腿的长度比20 世纪 30 年代增长了 25%，行进的速度也比原来快了5 倍。它们不再在灌木丛中钻来钻去，而是等到天黑了以后，利用道路和高速公路行进。

可怕的海蟾蜍啊！

80 年后的今天，澳大利亚海蟾蜍的数量已达到了 1 亿只。它们肆虐的范围已超过了英国、法国和西班牙国土面积的总和，而且它们领地的边界还在以每年 5～6 千米的速度扩展。

一直以来，希望能亡羊补牢的澳大利亚人都在想方设法阻止海蟾蜍的无休止蔓延。如今，防止海蟾蜍蔓延的行动已经普遍展开，尤其是在澳大利亚西部沿海一带。人们曾经在海蟾蜍分布区驾车巡游，从而将它们碾死；更残酷的手段比如“海蟾蜍高尔夫”。但最有效的防治方法是通过“海蟾蜍驯服者”缉捕队，在夜间袭击海蟾蜍聚集的水塘，人们曾经在效率最高的一周内消灭过约 40000 只海蟾蜍。用毒气或者深度冷冻的方法杀死这些海蟾蜍，然后把它们制成一种叫做“蟾蜍汁”的液体肥料。

尽管已经对环境造成不可否认的影响，但是海蟾蜍的灭绝还是遥远的事情，并且它最初的对手甘蔗甲虫早已对其产生抗药性——现在甘蔗甲虫在澳大利亚的数量比 1935 年的时候还要多。

这真是个让人哭笑不得的结局。

地球上最小的青蛙——微型迷你蛙

大家都见过既聪明又淘气的猴子，可是很少见过微型的迷你猴。世界上最小的猴子是产于马达加斯加森林中的拇指猴，它小到可以抱着人的食指，睁着一双可爱的大眼睛，就那么充满好奇地望着你，真是好玩极了！地球上也有微型迷你娃，它堪称最小的青蛙。它到底有多大？告诉你吧，只有黄豆那么大！

美国科学家于 2011 年底在巴布亚新几内亚发现了一种体长只有 7.7 毫米的世界上最小青蛙。这种微型迷你蛙是在巴布亚新几内亚的阿马乌村发现的，它栖息在热带雨林中的落叶上，皮肤颜色红黑相间，漂亮得像一枚精致的玉石微雕。它是世界上 6 万多种脊椎动物中体形最小的。

同时发现的还有一种微型的蟾蜍，皮肤疙疙瘩瘩，不过它即使再小，也是不太讨人喜欢的，当地人也不喜欢它，叫它“P. verrucosa”，其中“verrucosa”在拉丁语中的意思就是“长满疣”，身长在8.8~9.3毫米之间。

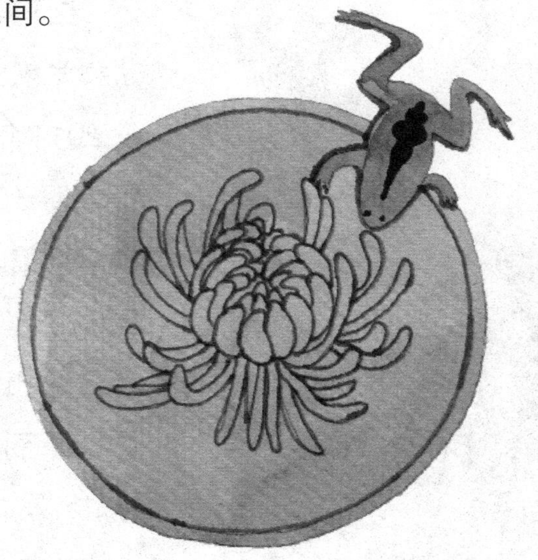

巴布亚新几内亚位于南太平洋西部，西与印度尼西亚的伊里安查亚省接壤，南隔托雷斯海峡与澳大利亚相望，属美拉尼西亚群岛。全境共有600个岛屿，海岸线全长8300千米，是大洋洲的第三大国，岛上多山，又处于地球地震带，火山较多，地震频繁。海拔1000米以上属山地气候，其余海拔较低地区属热带雨林气候，沿海地区年平均温度21.1℃～32.2℃，山地比沿海低5℃～6℃，年平均降水

量2500毫米，山高林密、湿润多雨的生态环境是各种蛙类的天堂。

这两种新种蛙类是动物学家弗瑞德·克劳斯于2011年发现的。克劳斯就职于夏威夷的毕夏普博物馆，他在巴布亚新几内亚东南部一座与世隔绝的山脉进行考察时首次看到这种微型迷你蛙。

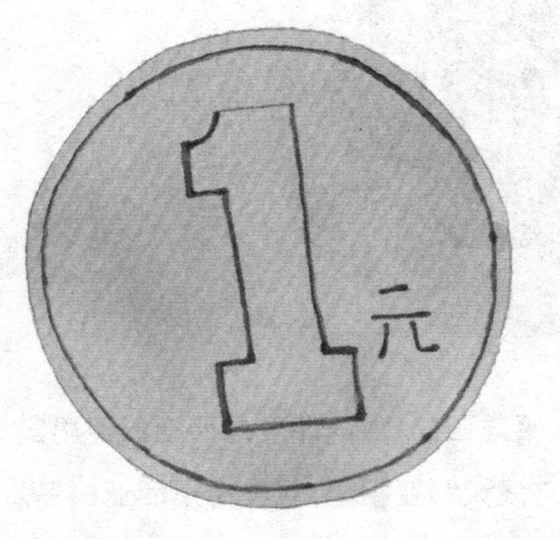

体型如此微小的青蛙不断推动着两栖类动物微型化的极限。但是为什么青蛙的个体会如此之小呢？科学家们并没有完全弄清楚其中的原委，一种比较科学的解释是，这些青蛙之所以进化出如此小的体型，可能是为了适应生存环境的变化。因为，这两种迷你蛙类用螨类等体型微小的猎物即可填饱肚子，但对于一般的蛙类来说，这真是太不可思议了。

此前的体型最小青蛙纪录的保持者身长大约在 10 毫米左右。新发现的两种蛙类不仅是世界上已知最小的青蛙种群，同时也是世界上最小的四足动物或者说四足脊椎动物。世界上已知最小的脊椎动物是东南亚的原生攘鲤，其成体雌性身长只有 7.9 毫米。

这么小的迷你蛙，想要捉住它也不是一件容易的事儿。科学家通过倾听它们的叫声，轻手轻脚地循着叫声找源头，如果它没有受到惊吓中途停止鸣叫，那么最后才能发现这些小生灵的所在位置。在巴布亚新几内亚，克劳斯和一群当地助手几乎把脸贴在地面，寻找微型青蛙的踪迹，因为这种迷你蛙不仅小而且只生活在落叶上。这些小东西会像蟋蟀一样地跳，一会跳到这儿，一会又跳到那儿。他们发现之后徒手捕获，下手还得轻一点，因为这些小家伙们太娇气了，一不小心，就会被捏死在手指缝中。

目前，科学家对微型迷你蛙还了解不多，包括它们的生活习性、捕食方法、躲避敌害、繁衍生殖等等，这些都将是进一步科学研究的重点。此次发现说明世界上其他地区可能也存在这种小生灵。

世界之大，奇妙万千。其他很少被人考察的热带地区也许也会生活着其他微型物种，这些可爱的小精灵也在等待着喜欢探险的人们去发现和揭秘呢。

蛙类中的“巨无霸”——非洲巨蛙

见识了最小的,再来看一下最大蛙类。

非洲巨蛙毫无疑问是蛙类中的“巨无霸”。一只成年雄性巨蛙体重可达 3 千克,身长约 30 厘米,展开后腿,差不多有 1 米长,据说,只有苏里南的“比法马里尼”蟾蜍可与之相比。它最高能跳到 5 米,这是其他蛙类望尘莫及的。

这种蛙类中的“巨无霸”眼下正面临灭绝的危险。它已被《华盛顿公约》作为禁止国际贸易的濒危物种列入红色名单。

非洲巨蛙生活在从喀麦隆南部到赤道几内亚北部地区的原始森林和大河中,那里有湿润的赤道气候,年平均气温 25℃,是蛙类的幸福天堂。20 年前,非洲巨蛙还几乎随处可见,但现在却完全是另外一回事儿。

法国《巴黎竞赛画报》的记者热纳维耶芙·朗松为了拍摄这种巨蛙的照片,在偏僻的热带森林里整整寻找了 4 个月。她感伤地说:“这种巨蛙的生活环境十分特别, 只有在这一地区的森林里才能生存,这里年平均温度在 25℃~29℃之间。”但是近 30 年来,由于森

林砍伐和河水污染，巨蛙的生存环境不断恶化和缩小。"尤其是人们对它的捕杀屡禁不止，非洲巨蛙正面临着灭顶之灾"。

在这里，贫穷和愚昧造成恶性循环：毁林越多，猎物就越少，历来以捕猎为生的最贫困人群无法弄懂这个道理，依然砍伐不止。当食物随着森林的减少而越来越稀缺时，他们不得不把目标转向巨蛙。因为这种蛙肉的味道鲜美至极。不仅当地人捕食巨蛙，在雅温德和杜阿拉等大城市里，食用巨蛙甚至成了一种可怕的时尚，宴会上和结婚时也都少不了这道菜。在无数食客的大快朵颐中，更多的巨蛙在无助地泣血！

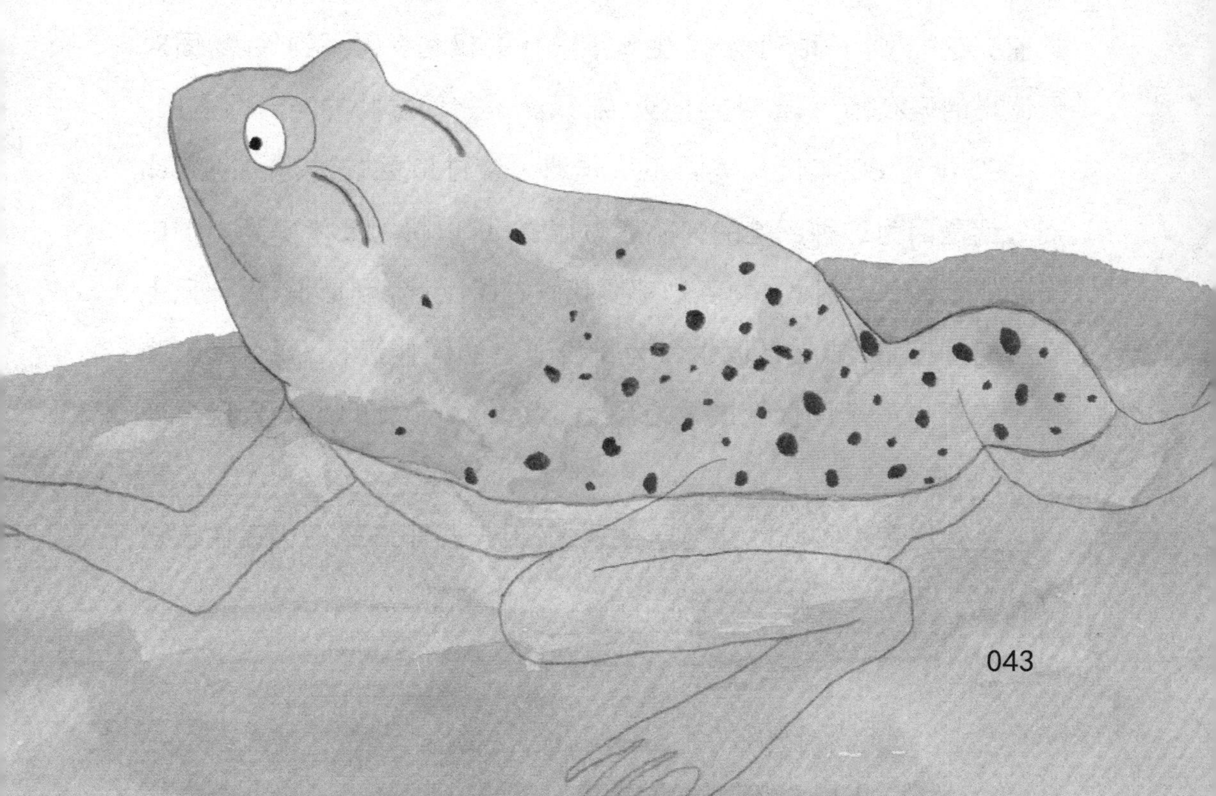

吃,向来是人类最大的消费动力,因此也导致非洲巨蛙的非法买卖盛行。当地人捕捉巨蛙除了自己食用外,还拿到市场上出售,无数只巨蛙换成了他们鼓起的钱袋和人们盘中的大餐。一只2千克重的蛙可卖2000~3000非洲法郎(约合4美元),若是一只个头更大的雄蛙,售价可达8000非洲法郎。高价位、有市场、淡漠的保护意识,非洲巨蛙除了被买卖吃掉的命运外,没有别的选择!

非洲巨蛙同其他蛙类一样,每年旱季(当年12月至次年4月),由成年雌蛙在陡峭的岩壁和河岸上产卵,然后由雄蛙再来给蛙卵受精。而现在的情况是,这种蛙类往往还没长到繁殖期就已被人类捕捉吃掉了。一种动物,连生育下一代的权利都得不到保障,面对无休止的疯狂猎杀,最终走向灭绝,只能是它们悲壮的唯一归宿!

20世纪80年代,美国还从非洲大量进口巨蛙进行“跳高比赛”,就是因为这种巨蛙的弹跳能力很强,可以跳到5米多高。但由于远途运输,一半以上的巨蛙都要死亡在路上。也就是说,每一只上了车船的巨蛙,要么是以生命为代价送它的同伴远行,要么是眼睁睁看着至少一个同伴死去才能到达,为贪婪、无耻的人类表演含着血泪的“跳高比赛”。

尽管现在这种国际交易已被禁止,但一些非法交易仍在偷偷进行。

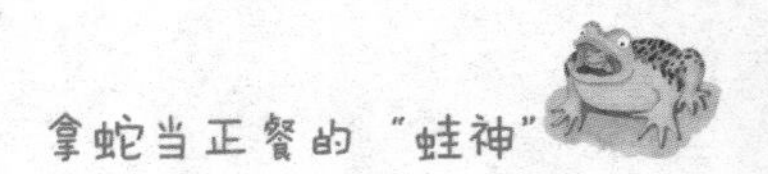

看到这里，大家一定为非洲巨蛙的悲惨命运感到担忧了。不过，仅仅是道义上的忧虑还不能改变它们的厄运。其实，非洲巨蛙同世界上其他面临灭绝的物种一样，要逃脱这种即将来临的厄运，并非是不可能的。而我们所能做的，就是呼吁那些疯狂的人们放下高举的血腥的手，制止杀戮，毕竟这个星球并非人类的专属，也是非洲巨蛙们赖以生存的家园。

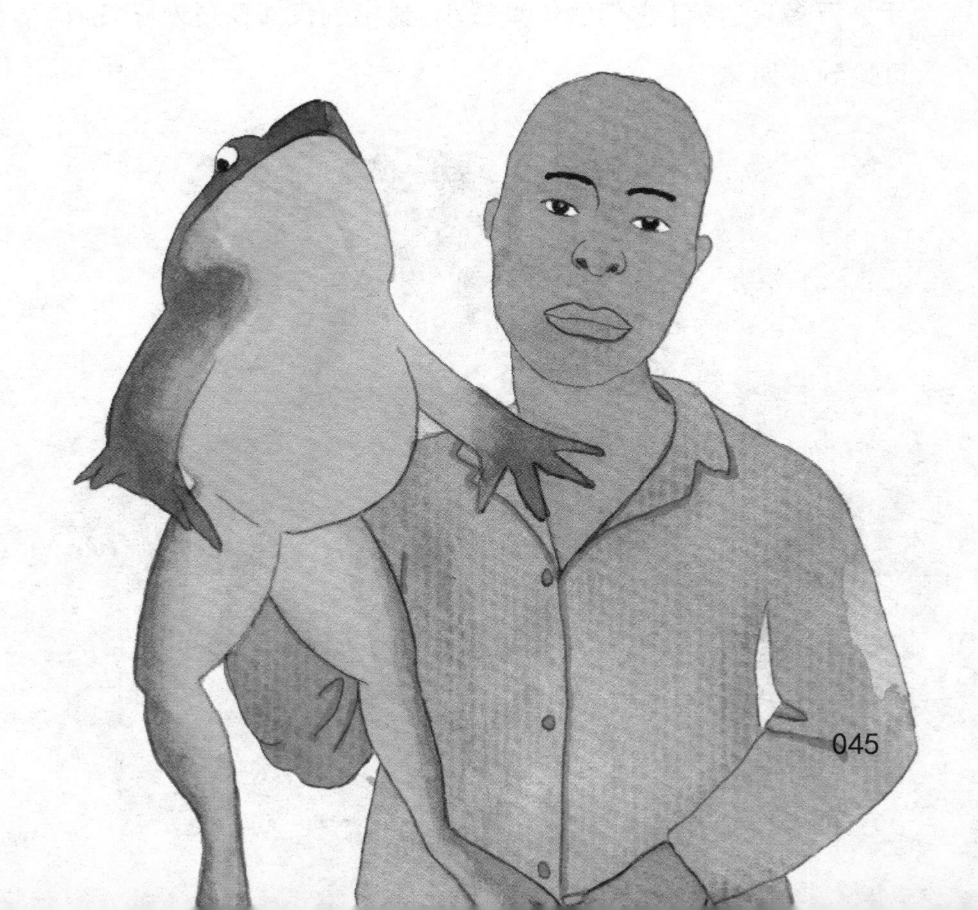

最美丽的致命“杀手”——箭毒蛙家族

箭毒蛙亦称毒标枪蛙或毒箭蛙，家族有 170 种，全部属于箭毒蛙科，是全球最美丽的青蛙，同时也是毒性最强的物种之一，但并非所有种类都有毒。其中毒性最强的金镖毒蛙体内的毒素完全可以杀死 2 万多只老鼠！它们的体型很小，最小的仅 1.5 厘米，个别种类也可达到 5 厘米。

箭毒蛙主要分布于南美洲的巴西、圭亚那、智利等热带雨林中，栖居地面或靠近地面，通身鲜明多彩，颜色为黑与艳红、黄、橙、粉红、绿、蓝的结合，其中以柠檬黄最为耀眼和突出。这种炫耀的美丽与大多数具有保护色、很低调的动物不同。

由于毒性强烈，除了人类外，箭毒蛙几乎没有天敌，所以炫耀美丽除了作为生物的本性之外，又像是警告来犯的敌人：我美丽，我有炫耀的资本，不过最好少惹我！

箭毒蛙的皮肤分布有毒腺，毒腺分泌的毒液对食肉动物来说可能是致命的。很早以前，印第安人就利用箭毒蛙的毒汁来涂抹箭头和标枪。他们提取毒液的手法很巧妙：用细藤条将箭毒蛙的四条腿拴住，然后用小木棍轻轻刺激它们的背部，箭毒蛙便分泌出乳白色

的毒液。待毒液分泌干净后，印地安人会将箭毒蛙放掉，以便使这些小动物能够继续“生产”毒液。不过哥伦比亚的乔科人就没有这么仁慈了，他们通常是把尖锐的木棒插至蛙嘴深处，直到蛙释出一种有毒生物碱的泡沫为止。一只箭毒蛙的毒汁，能够涂抹 50 支镖、箭，毒性可以保持一年。用这样制成的箭猎取猴子，会使猴子顷刻间毙命，这也就是箭毒蛙名字的由来。

箭毒蛙到底是如何让人或动物丧生的？科学家经过深入研究发现，箭毒蛙的剧毒物质能破坏神经系统的正常活动，致使神经细胞膜成为神经脉冲的不良导体，也就是说一旦中毒，大脑这个“总司令”对神经中枢发出的各项指令都失灵了，体内的所有组织和器官都陷入可怕的瘫痪状态，最终导致心脏停止跳动。

不过，箭毒蛙的毒液只能通过人的血液破坏神经系统，如果不把手指划破，毒液至多只能引起手指皮疹，而不会致人死亡。聪明的印第安人在捕捉箭毒蛙时，总是用宽厚的树叶把手包卷起来以避免中毒。

有毒的亮丽颜色使这箭毒蛙能够在白天大胆捕猎，摄食蚂蚁、白蚁和住在热带雨林枯枝落叶层的其他小型生物。它们足部没有蹼边不能在水中游动，因此不会出现在水生环境中。

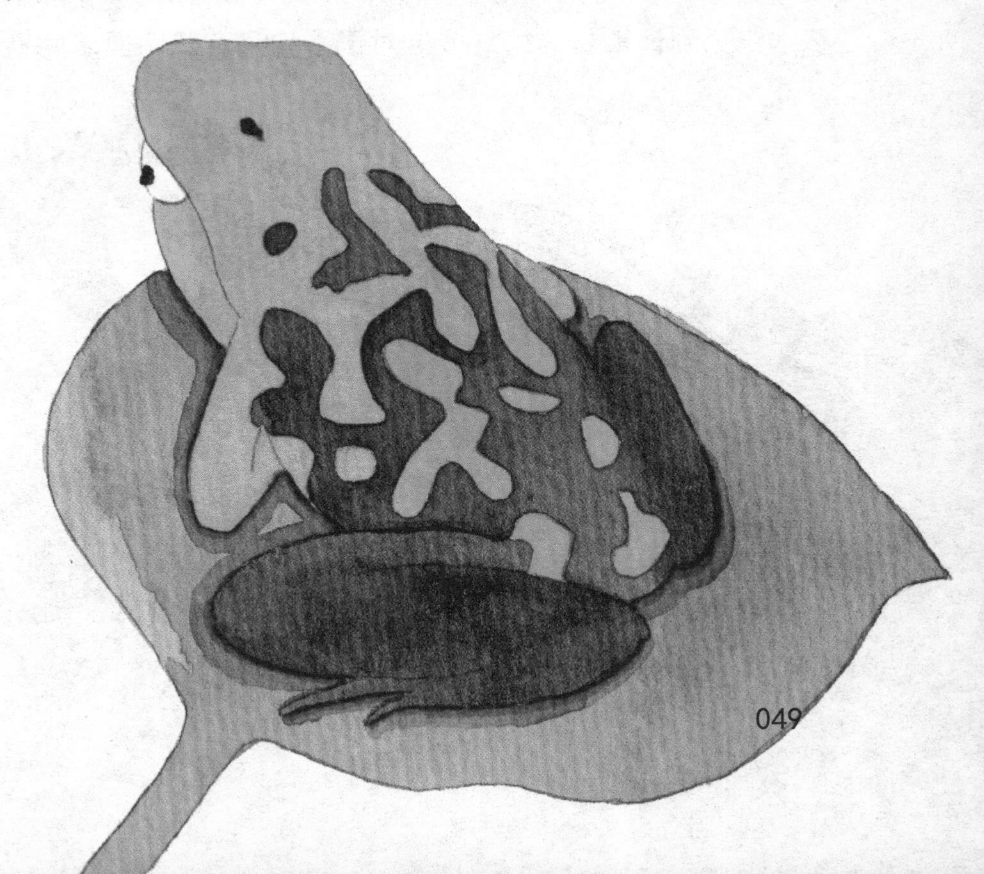

箭毒蛙养育子女也非常不易。它们全年都可以恋爱生子，不像别的动物生殖季节非常明显。箭毒蛙在地面产下果酱般的卵团，由双亲之一守卫，或回来观看并经常使之保持湿润。新孵出的蝌蚪由父母一个个地背往适合的水坑，树洞内的积水或凤梨科植物。因为凤梨科植物轮生的叶片会构造出一个个小“池塘”（因为蝌蚪是肉食性的，两个蝌蚪在一起会自相残杀），为蝌蚪提供了安静、良好发育的场所，并由雌蛙排下未受精的卵作为蝌蚪的食物。

曾有生物学家在 40 米高树梢上的凤梨科附生植物叶片基部的积水中见到箭毒蛙的蝌蚪，这对于平均只有三四厘米的箭毒蛙来

说，背着卵一点一点爬上几十米的树冠层，真不是一件容易的事。

箭毒蛙家族有好多种，这里简单介绍一下常见种类。如草莓箭毒蛙的毒素比其他箭毒蛙物种要小一些，但也会使伤口肿胀并有燃烧炙热的感觉。花箭毒蛙由于身上长有鲜艳的花纹而得名，是箭毒蛙科中最大的种类，能够长到 5.08 厘米长。绿色箭毒蛙原产于美洲中部和南部，后在 1932 年为控制蚊子而被引入了夏威夷的瓦胡岛。这种蛙将卵产在森林地面的落叶上，之后，雄蛙会将蝌蚪带入水中。红背箭毒蛙是一种体长1.4～1.6 厘米的小型箭毒蛙，分布于秘鲁北部至哥伦比亚及巴西部分区域，常年栖息于

高湿的热带雨林树洞窟内。尤其在离地 2~6 米树间的爬蔓植物或附生植物上常可见其踪迹。

蓝色箭毒蛙娇小而美丽，它的毒液通过经常捕食有毒的昆虫而获得，并以一种安全无害的方式储存在自己的皮肤中。一旦它们被

人们作为宠物饲养时则无法获取生物碱化合物补充，体内的毒素会逐渐减弱。

黄金箭毒蛙则是箭毒蛙家族中毒性较强的一种，一只黄金箭毒蛙的毒素足以在数分钟内杀死 10 个成年人！

世界上最毒的青蛙——金毒镖蛙

黄金箭毒蛙通常又叫金毒镖蛙，生活在哥伦比亚西北部靠近太平洋沿岸，这片世界上最潮湿的热带雨林中。金毒镖蛙是毒性最强的箭毒蛙，比一般箭毒蛙强 20 倍，也是全世界最毒的十大动物之一。其毒性甚至到了这样一种程度：即便是一张曾经和这种蛙类接触过的纸巾，对于其他动物来说都是致命的。早期研究人员在野外捕捉金毒镖蛙时，必须戴上橡皮手套。有些狗舔到这些处理过金毒

镖蛙的手套后，也一命呜呼。尽管金毒镖蛙的身长只有区区约 5 厘米，据估计这样一只小小的金毒镖蛙所含有的生物碱毒素约 2 毫克，但是此剂量可以杀死 2 万只实验用的老鼠。而人类的血液中只要含 0.2 毫克生物碱毒素，就足以毙命。也就是说，金毒镖蛙体内所含毒液足以在数分钟内杀死 10 个成年人或 10 只鹿、羚羊、美洲虎等大中型动物。

此外，金毒镖蛙还被认为是最迷人的金色动物之一。

这种蛙类全身是鲜明的黄色或橘红色，这在一片浓绿的热带雨林中显得十分引人注目，但就在这华丽的皮肤上面，有一层致命的生物碱毒液覆盖。这种毒液会阻断冒犯者神经冲动的传递，让肌肉收缩抽搐并最终导致心脏衰竭，在数分钟内便可以致其于死地。这

种绿色世界中的鲜亮黄色成为一种令所有动物不寒而栗的警戒色。

这种蛙类很早便被当地土著居民所认识，它们致命的毒液被人们巧妙地加以利用而不受其害，这种对自然资源利用的技巧深深地渗透于当地的土著文化之中。

当地印第安人会将箭毒蛙的有毒分泌物涂抹在吹镖上制成毒镖，因此这种青蛙通常被称之为“镖蛙”。他们将镖头或箭头轻轻地在这种蛙类的背上蹭刮，这样做不会伤及这种蛙类但可以沾上它们的致命毒液，这些毒液在镖头、箭头上可以保持毒性达两年之久。当猎物猝然倒地时，他们只需放尽动物体内中毒的血液，对肌肉进行

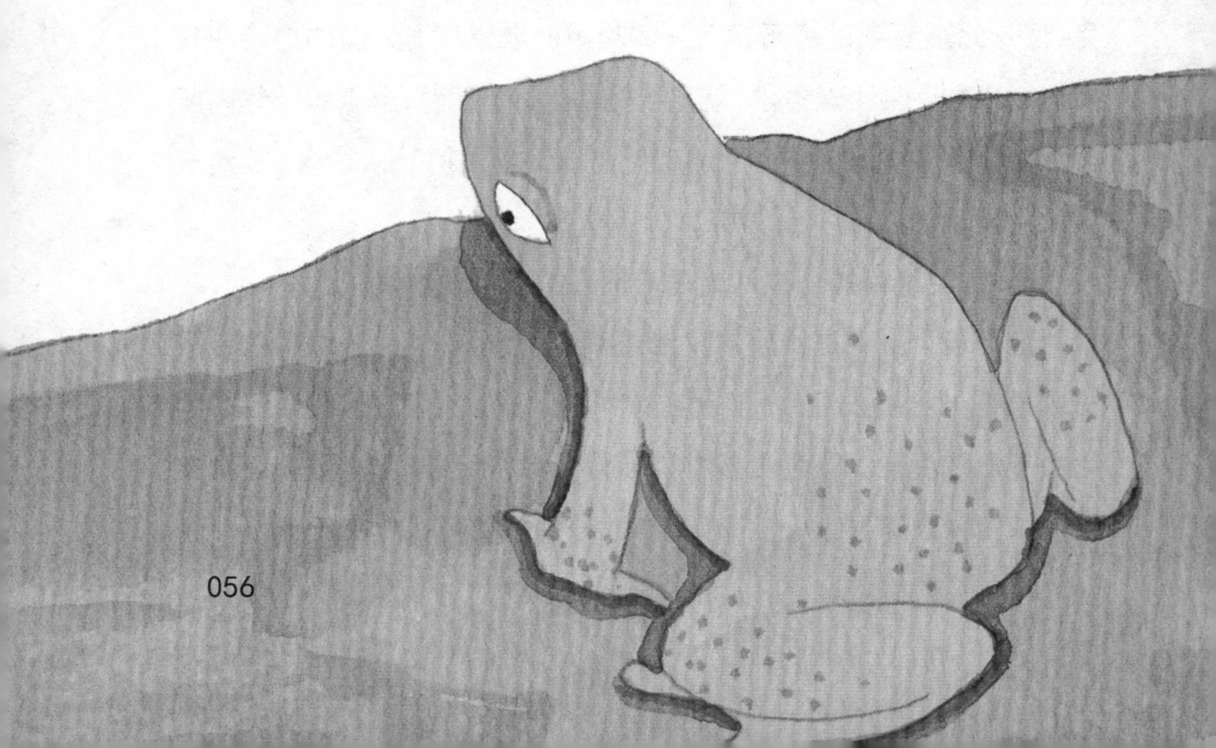

适当清洗，再经高温烧烤或蒸煮即可除去残余的毒素而大快朵颐。

从本质意义上，这种小巧的蛙类所含毒液完全是用于自卫，它们无意伤害别的动物，“人不犯我，我不犯人；人若犯我，我必犯人”，这种“毒门秘籍”也使得它们在弱肉强食的热带雨林中繁衍生息。然而即便拥有这样的致命武器，在人类的推土机等大型机械面前，这种小动物仍旧显得脆弱不堪。由于这一地区金矿的开采和非法盗伐，金毒镖蛙栖息地不断丧失。

如今，这种小生灵零星地生活在一片面积不足中美洲加勒比小国巴巴多斯国土面积、约 400 平方千米的狭小原始雨林栖息地内。

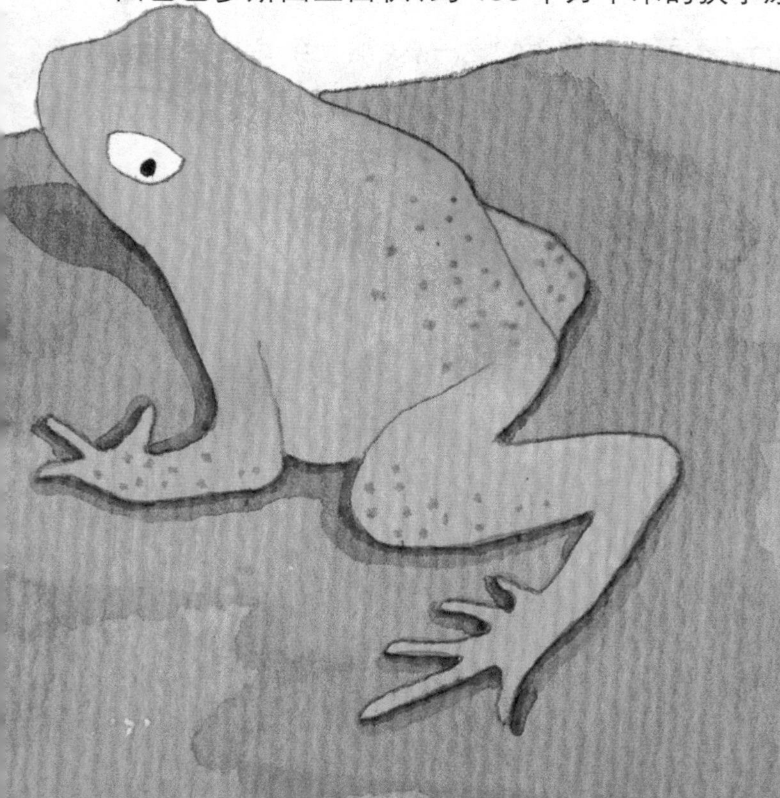

由于区域的狭小，加上数量本来就非常稀少，它们已被列入了“零灭绝联盟”编列的全世界最濒危物种名录。

而据《科学》发布的一项政策报告称，从 1980 年至今，两栖动物物种的灭绝数量已经从 9 种上升到了 122 种。

2012 年 5 月，在哥伦比亚西北部潮湿的热带雨林地带，世界土地信托、美国鸟类保护协会以及世界野生动物保护协会共同出资购买了 124 英亩(约合 50 公顷)的土地，设立了一个金毒镖蛙保护区，这个保护区由哥伦比亚境内主要的环境保护组织普罗阿维斯基金会负责管理。

希望这种世界上最不可思议的生物之一，美丽而致命的金毒镖蛙从此将得到有效的保护。

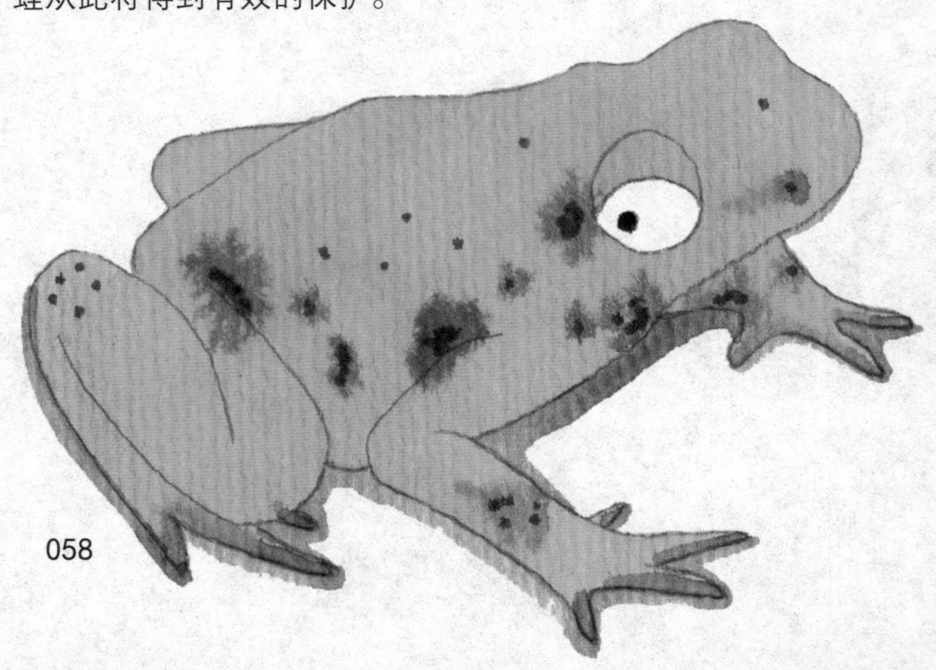

最无“城府”的蛙——玻璃蛙

中国古代有句表明生死友情的成语叫“肝胆相照”,也就是真诚待人,赤诚相见;还有就是“掏心窝子话”,“恨不得把心掏出来给你看”等,都用来比喻真心和诚心,对对方没有丝毫隐瞒。

可是,如果有一种动物愿意把它们的五脏肺腑都给你看,是不是最坦诚的?

不管你信不信,在中美洲和南美洲的热带雨林中,就有这么一种敢于“肝胆相照”的神奇小动物——透明的玻璃蛙!

哥斯达黎加网状玻璃蛙拥有半透明的皮肤,当背景颜色是淡黄绿色时,一些玻璃蛙的腹部皮肤就会变得透明。它们的内脏,包括心脏、肝脏及消化道都可以透过皮肤看得清清楚楚。它们因此而得名。

玻璃蛙是种小型的可爱两栖动物,一般只有 3~7.5 厘米长,除了透明的腹部外,它们全身都呈绿色。由于缺乏色素沉淀,皮肤才如此“透明”。这也是这种小型动物引起科学家注意的主要原因。

目前,大约有 138 种玻璃蛙生活在美洲中央雨林以及南美地区。

玻璃蛙喜欢洁净、无任何污染的生存环境，它们对环境中的变化非常敏感——简直就是生态环境的"晴雨表"：它们的皮肤具有极好的渗透功能，能够用皮肤呼吸并吸收水分，但缺点是敏感的皮肤极易受细菌感染。由于直接暴露于自然环境中，所以它们能提供有关环境恶化和气候变化影响的早期警示。它们常常被看作是指示物种，它们的数量多少反映出整个生态环境状况的好坏。

玻璃蛙一般生活在雨林的树木上，有些种类会将卵产在溪流之上的叶片上。玻璃蛙的背部都有绿色，经常一整天粘在宽大的绿叶子上，它们的身体几乎是透明的，在绿叶子上很难进行分辨。玻璃蛙会守卫在这些卵的周围，保持卵的湿润和清洁，同时避免寄生物和

小型昆虫的侵犯。当卵孵化出来后，蝌蚪们就会一个个挣脱卵囊的束缚，跳入下面的水中。

不过这也是个冒险的生命之旅，因为每当小蝌蚪的成熟季节，

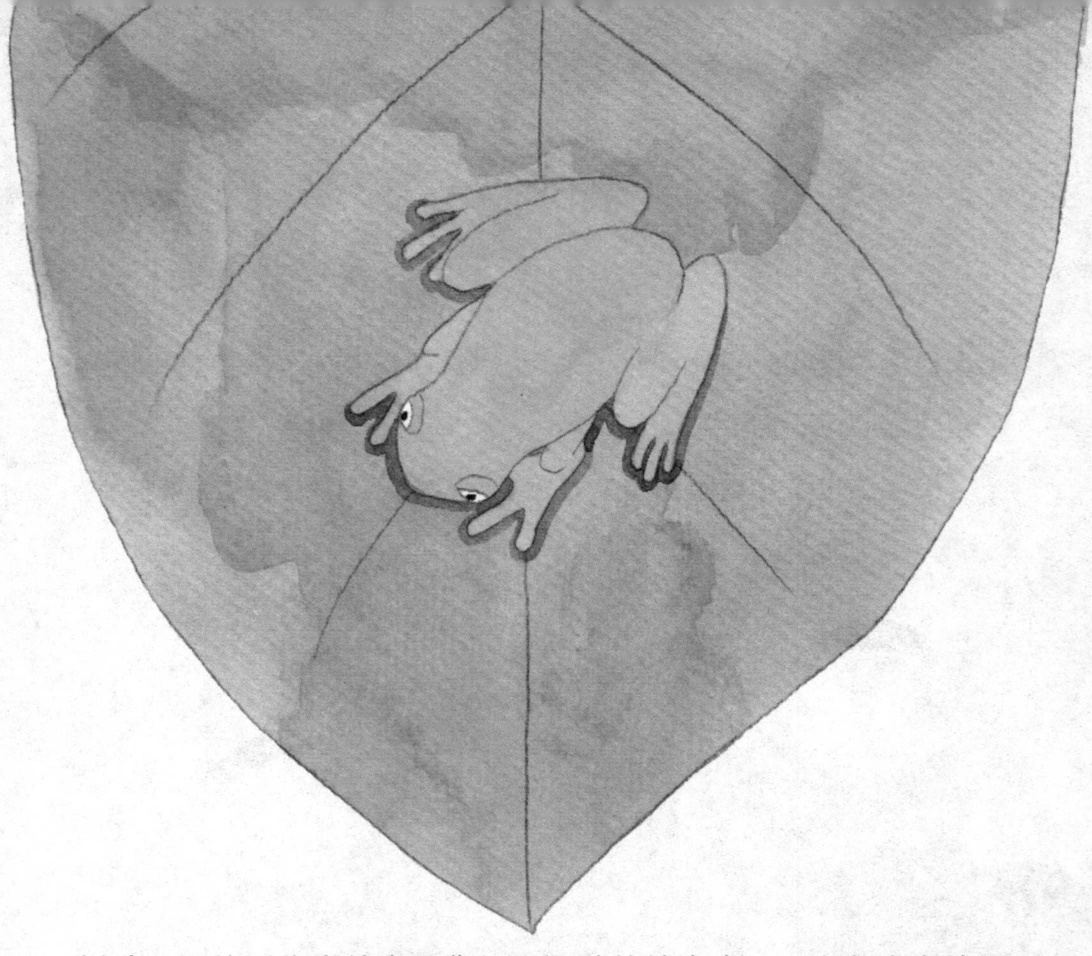

树叶下面的溪流中就会聚集闻风而动的捕食者——小鱼或者蜻蜓的水中幼虫，许多小蝌蚪不是跳入捕食者的口中，就是被追杀。所以这些小蝌蚪天生就知道躲避敌害——爸爸妈妈不在身边，它们只能靠自己——一跳入水中就拼命游动，躲避到水草旁边。大约会有三分之一或者更少的小蝌蚪能躲过生命之初的劫难。

直到在水中长出了四肢后，它们再跳回树上，与整个家族一起生活。

玻璃蛙是夜行性动物，它们在日落时分出动，捕食昆虫或寻找配偶，这时整个森林都笼罩在欢快的蛙鸣声中。

一般来讲，雄玻璃蛙靠划定一个有利的地盘——通常是一片叶子、一块岩石或一段小溪，以养活全“家”以及追求雌蛙。雄蛙的叫声很奇特：时而似口哨，时而似鸟鸣，时而又发出唧唧唧的声音。如果雄蛙对哪只雌蛙感兴趣，那么它就会跳到雌蛙背上，紧紧抱住对方。只要不被一脚踹到地上，它的恋爱就开始啦。

不过，玻璃蛙的生存环境日益让人担忧。现在，由于采伐和农田开垦破坏了它们的雨林栖息地，直接威胁这些可爱小生灵的生死存亡，已经有许多玻璃蛙品种被列入了世界保育联合会的濒危物种红色名单。

懒得不像样子的青蛙——老爷树蛙

大家在图书或影视中都见过傲气十足的地主老爷或官老爷吧，他们长得肥肥胖胖，老是坐在椅子上慢腾腾地训话、作指示；发起火来又像雄狮，咆哮，拍桌子，张牙舞爪，所以一般人对于老爷们都是敬而远之。

今天介绍的老爷树蛙却是超可爱的“呆老爷”。它不会动不动就训斥人，也不会让人看它的脸色行事，当然更不会发火了。它喜欢与

人交往——只要不怀恶意，每天除了饿死鬼似地吃饭外，就是慵懒地趴着睡觉或发呆，肥胖厚实的身子，微微上翘的大嘴巴，前额两侧还有下垂的皮肉，性情温和，真像一个傻笑着的“老爷”，因此叫“老爷树蛙”，好玩极了！

老爷树蛙可是个“明星大腕”哩，有本名、别名、学名，还有一读一大串的英名名字。老爷树蛙，本名叫白氏树蛙，别名叫绿雨滨蛙，英文名叫 White's Tree Frog, Dumpy Treefrog，拉丁文名叫 caerulea，学名叫 Litoria caerulea。它们有着翠绿色的背，米黄色的肚皮，能吃能喝能睡能发呆，体长 8 ~ 10 厘米，是最大的树蛙，也是最肥胖的树蛙。它们生活在澳大利亚东北部和新几内亚南部的林地内。

老爷树蛙的懒惰和贪吃在青蛙家族中是无蛙可比的。它们通常喜欢在光线不太强及较凉爽处进行捕食、嬉戏或恋爱，平时它们总是懒洋洋地把肥胖的身子堆放在树枝上睡觉，即使醒来也不愿动，一动不动地发呆。尤其在下午，甚至会长时间地待在同一位置。你说它们不动就不动吧，还随时都有胃口，吃起来都像饿狼似的。就连小老爷蛙都比任何树蛙的幼体更能吃，而且更不愿意运动。

老爷树蛙们主食野外多种昆虫，尤其喜欢吃蟋蟀和蜘蛛。其实蛙类的视力多数不争气，对静止的东西是看不清的，老爷树蛙也不例外，加上它胃口超好，随时都可进食，因此多数在活动中而又能够塞进口中的动物，都会成为它的食物，甚至包括同类的幼体在内。能吃能睡的生活习性让它们能活到 15～18 年，最长寿的有达到22年的，真是当“老爷”的命啊！

但如果你因此就看不起老爷树蛙，那真是小瞧了人家。老爷树蛙有多种本领。在受惊时，它们行动敏捷，而且可以跳得很远，只不过不会跳得很高，因为肥胖也没法做出连续跳跃的动作。

老爷树蛙的脚趾末端长有吸盘，直径在 5 毫米左右，这可以大大增强它们的攀爬能力，甚至在光滑的竖向玻璃面上它们都可以自

由行走！相对苍蝇在玻璃上的那点小伎俩，这可真需要些真功夫！

老爷树蛙虽然有肺，但它的呼吸全部通过皮肤来完成。为保证呼吸顺畅，它必须保持皮肤湿润。不过湿润的皮肤有利于细菌的生长，容易受到病原体的侵害。所以老爷树蛙的湿润皮肤会还分泌一种叫做抗菌肽的物质，目前已证实这种物质中含有多种可抵抗过滤性病毒及细菌的缩氨酸；还包含一种类似胆囊收缩素主要成分的东西，有助消化和抗饥饿的作用。科学家发现，老爷树蛙分泌出的部分缩氨酸成分可以破坏艾滋病病原体而不会伤害人体 T 细胞。这可是人类的福音。

老爷树蛙很聪明。它性情温和，与人类相处得很融洽，常常到住户处的灯光下饱食被吸引来的大小昆虫。在恋爱季节，雄蛙会在夜晚或清晨爬上树梢高声鸣叫，以吸引雌蛙的注意。它们还多会聚集到下水管和小型的水容器中鸣叫求爱，因为这些物体可以放大它们的叫声，吸引更多的雌蛙目光。

但老爷树蛙的叫声不好听，很有“老爷”的派头，低沉缓慢，重复多次。不过这种声音在雌蛙听来也许妙不可言。

老爷树蛙 2 年长大，开始恋爱生子，雌性每次产 150 ~ 300 个卵，也是蛙类中较少的，每个卵直径约 1.2 毫米，小得可怜，所以说，长成大个头的老爷树蛙不是件容易的事。

没两下子怎么混·技能榜

关键词：蝾螈、巴拿马金蛙、东方铃蟾、浮蛙、飞蛙

导　读：在两栖类动物家族中，有些动物因为环境、生存需求、捕猎等因素，致使它们自身进化，并拥有某项超强的绝技或本领，以应对外界变化，并生存下去。

超强的再生本领——蝾螈

《西游记》中齐天大圣孙悟空的本领十分了得，在狮驼国与虎力大仙、鹿力大仙、羊力大仙比法时，孙悟空的脑袋被砍去一个，喊一句："头来！"就又长出一个；再砍一个，再喊，就再长出一个，如此循环，把刽子手累得趴在地上。

小动物，就不怕断条腿、掉条胳膊，因为它有超强的再生本领。

包括人类在内的哺乳动物都得小心保护自己的肢体，一旦失去就成了残废，会给身心带来许多不便。而对于不少低等动物来说，失

去一条腿或尾巴不算什么，它们很快就可以长出新的肢体。如大家常见的壁虎和沙漠中的小蜥蜴，断条尾巴就跟玩儿似的，不久就长出一条新尾巴来。

所有生物都有让身体一些部位重新生长的能力，哺乳动物可以再生肌肤或断骨重接。在两栖动物当中，蝾螈的再生灵敏度在生物界是数一数二的。它不但可以在几星期内长出断掉的肢体，更神奇的是，蝾螈甚至可以让受损的肺部重新生长，修复断掉的脊椎！对于哺乳动物来说，这些大部件一旦受损就得一命呜呼了，蝾螈的本领真是能与被砍头的孙悟空相比了。

科学家一直在猜想这种小小的两栖动物如何具有这么高明的

本事的。为了开发出催化断肢再生的药物，科学家一直在努力寻找低等动物断肢再生的真相。最近，德国德累斯顿再生治疗中心的埃利·塔那卡和美国佛罗里达州立大学的马尔科姆·马登利用荧光蛋白技术，初步揭示了蝾螈断肢再生的奥秘。

墨西哥蝾螈长相十分可爱，它们有一张娃娃脸，全身粉嫩粉嫩的。研究人员抓来一批墨西哥蝾螈，接着把海洋荧光鱼的发光基因移植到蝾螈的染色体中。携带发光基因的蝾螈细胞在紫外线照射下会变成亮绿色，研究人员可以找出新生肢体细胞的来源和生长情况。

经过仔细观察，深入研究，科学家发现墨西哥蝾螈超强的器官再生本领，是由具有“记忆细胞来源”功能的细胞“胚基”来完成的，胚基存在于仅形成数天的晶胚中，但是很快就会发生变化，形成骨骼、肌肉、神经、皮肤或者血液等各种细胞类型。

他们发现，蝾螈断肢后，血脉快速收缩以减少流血，皮肤细胞很快掩盖伤口，肢体残留细胞中的“胚基”最终成为身体新肢体。这项发现之所以重要，是因为蝾螈的普通残肢细胞可以长出新的肢体，而哺乳动物只

有头发、皮肤、指甲等组织才具有这样的功能。

该研究小组强调称，成年蝾螈能够形成独特的胚基细胞，截肢之后能够发育形成完整的新肢体，比如肺部、脊椎这样重要的器官，这一特点是其他动物所不具备的。

或许将来有一天，科学家可以实现在其他动物身体上的类似肢体器官重生功能，甚至有希望实现人类截肢再生的梦想。

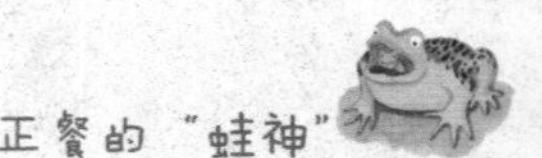

会打"手语"的青蛙——巴拿马金蛙

在生活中，人们偶尔会看到聋哑人相互间打手语的情景。令人惊奇的是，在两栖动物世界中，还有一种会打"手语"的小动物，它们就是巴拿马金蛙。

巴拿马金蛙是巴拿马的特有物种。它们是一种长相漂亮的两栖动物，体长 4～5.5 厘米，有尖而突出的嘴巴、苗条的身躯和修长的四肢，内侧及外侧手指或脚趾特别短。皮肤光滑，体色呈鲜艳的黄色或橘黄色，有明显的黑色斑点。

巴拿马金蛙可以通过分泌神经毒素来保护自己，因而它通体明亮的黄色具有"注意有毒"的警示功能。除此之外，研究人员最近发现，它们华丽的外表下还隐藏着一种特殊的本领，那就是靠"手语"来进行交流。英国广播公司《冷血生活》电视节目组最早是在一次野外拍摄中发现巴拿马金蛙的这种特殊本领的。

具有多年野生动物拍摄经验的资深电视节目制作人希拉莉·杰夫金斯介绍说，巴拿马金蛙靠轻轻挥动前肢来传递信息的行为与众不同。这是他们第一次发现由两栖动物利用这种方式来进行交流。

巴拿马金蛙不同的手语表达不同的意思，最常见的是与同伴打招呼，或者是告诉对方发现新食物的来源；恋爱季节它们也发挥这一特长向异性求爱，效果往往不错；还有就是当面对威胁时挥舞着前

肢恐吓敌人。

巴拿马金蛙通常栖息在热带雨林地区，尤其喜欢在山区溪流及近河流地区生活。这些地方虽然是人迹罕至的原始区域，但湍急的流水声让巴拿马金蛙的生活领地显得特别嘈杂，一般蛙类之间靠鸣叫交流的传统方式在这里施展不开，所以，它们进化出了这种两栖动物中唯一的靠“手语”交流的特殊本领。

春季与夏季是它们的恋爱和生育期，它们一般会在浅河边产

卵，或将卵产于雨水造成的暂时性积水或泛滥区，卵和蝌蚪的成长都很快：由卵孵化成可以游动的小蝌蚪仅需 24 小时。

此外，巴拿马金蛙还有个小秘密：虽然它们的名字和长相都像青蛙，其实是一种蟾蜍，学名为泽氏斑蟾，是一种濒危蟾蜍，属于华盛顿公约（CITES）第一级濒临绝种保育类动物，禁止进口及饲养。

《冷血生活》电视节目组在完成拍摄工作后，发现他们所拍摄的这个巴拿马金蛙的野生栖地由于壶菌病的扩散而导致金蛙的数量大幅减少。拍摄人员协助生物学家把幸存的巴拿马金蛙从野外迁至接受人类保护的地点。

此外，失去栖息地以及环境污染、气候的改变和疾病也是其数量减少的重要原因。

能够吓跑蛇的蟾蜍——东方铃蟾

在日常社会管理中，无论中外，都把醒目的红色和黄色作为警告、警示的专用色，因为醒目的颜色给人以强烈的视觉冲击力，能够让人作出理性的积极反应，而不盲目冲动。在动物界，红色和黄色也成为约定俗成的警示色。

东方铃蟾据说有风吹铃铛的清脆之音，可是从没人听见过。再说蟾蜍的尊容也不给人好印象，所以没有谁会指望能听到这种天籁之音。

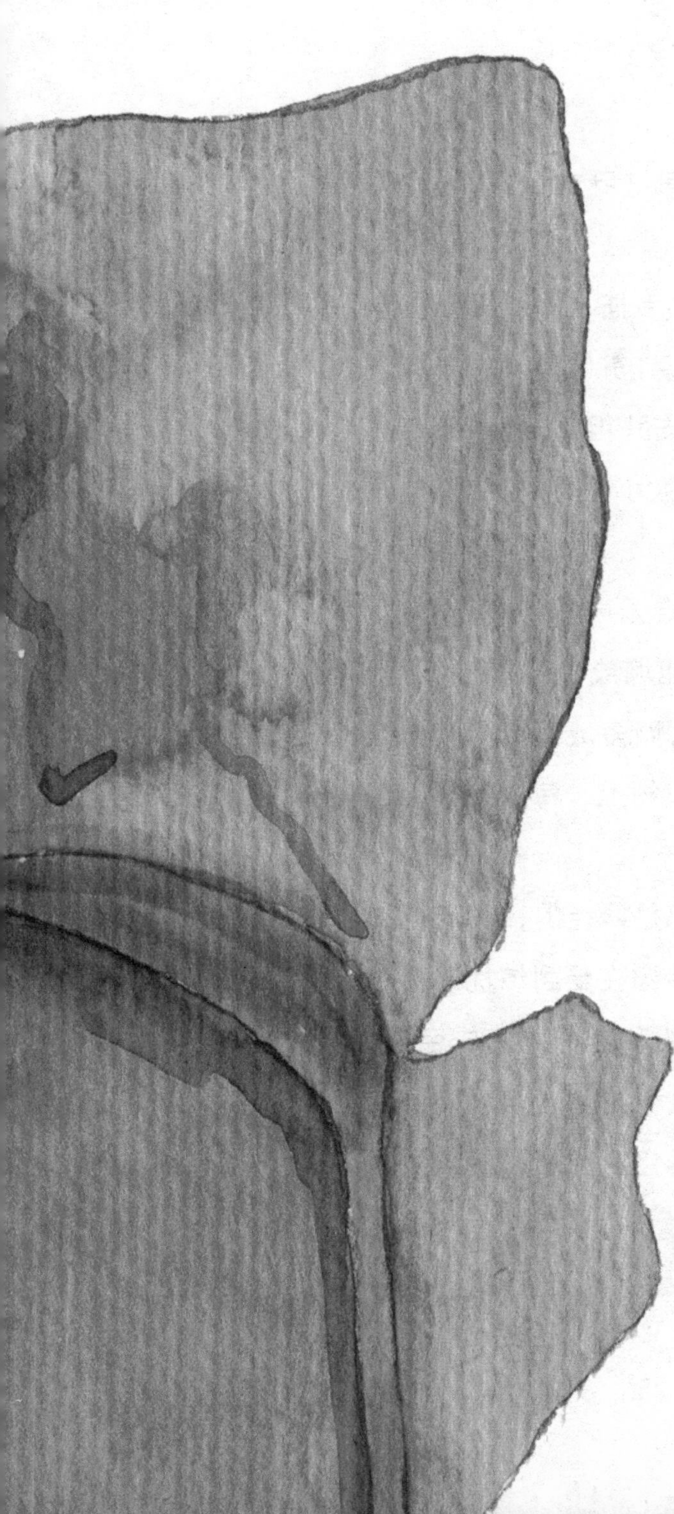

东方铃蟾并不是蟾蜍的一种，单属于铃蟾科。

铃蟾不主动攻击，但拥有不可轻视的毒性，据说如果人误食了会有致命的可能。蛙类的天敌蛇和水鸟一般都不去招惹它们。

《探索》节目里曾播过铃蟾面对蛇的镜头：铃蟾遇到蛇后并不急于逃跑，因为它知道自己跑不过蛇，所以干脆就淡定地依次抬起四肢，亮出掌心的红色，向蛇发出警告。蛇见了一般都会知趣地绕道而行。

东方铃蟾有很不为大家所熟知的名字，不过它的别名和外号叫得特别响亮：学名火腹铃蟾，又名朝鲜铃

蟾，德国人称它为警蛙；外号红肚皮蛤蟆，还有最伤自尊的外号——臭蛤蟆！

东方铃蟾主要分布于俄罗斯、日本、朝鲜以及中国东北地区和河北、山东、江苏等地。它们属于小型蟾蜍，体长约5厘米，皮肤粗糙，身体和四肢呈灰棕色或绿色，有斑点和大小不等的突起物，仿佛想让天敌们看了就没胃口。它的腹面呈橘红色，有黑色斑点。趾间有蹼，雄蟾无声囊。

东方铃蟾一般栖居于池塘或山区溪流石下，5~7月是它们的生育季节，卵多成群或单个贴附在山溪石块下或水坑内的植物上，每次产卵约百余枚，属于蛙类中较少的。

成年东方铃蟾身体背部是绿色的，其红色的肚皮上具有有毒的黏液。铃蟾在受到惊扰时会做出奇怪的样子：举起前肢，头和后腿拱起成弓形，亮出醒目的红肚皮。同时会分泌微毒且难闻的液体，以耳腺后面分泌最多(难怪叫臭蛤蟆)，但对人的皮肤没有大碍。

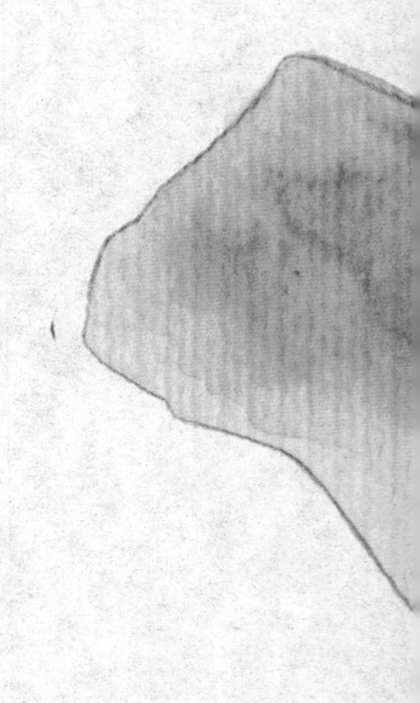

在波兰的但泽，当地人认为听到铃蟾的叫声

是一种不祥之兆，如同中国人夜晚听到猫头鹰凄厉的叫声一样，想来是讨厌它的形状和声音吧。

漂浮于水面的小精灵——浮蛙

在中国南方和东南亚地区，有一种如青枣大小的小青蛙，它们整天漂浮在水面上，不仅能够躲避蛇、鸟等大部分天敌，而且能够捕捉大多数的稻田害虫，真正的是庄稼的卫兵。

浮蛙为蛙科浮蛙属的两栖动物，体形较小，体长仅 2～3 厘米；脑袋也小，短短的嘴巴，但后肢肥壮，趾蹼发达，善于游泳和水中生活。种类比较少，广泛分布于亚洲南部的印度及东南亚的老挝、马来西亚、缅甸、泰国、越南、孟加拉、柬埔寨、印度尼西亚等国家。

中国有尖舌浮蛙和圆舌浮蛙 2 种，分布于云南、江西、福建、广东、广西、海南岛等温暖湿润的省、区。

尖舌浮蛙又名浮水蛙或稻田蛙，适应于湿润多雨的热带气候。成蛙体形几乎成三角形，雄蛙体长 1.9~2.3 厘米，雌性 2.7~3.5 厘米，体型小巧而结实，体表皮肤粗糙并有小颗粒突起，体背呈灰绿或棕绿色，有的个体有浅黄色中线贯穿头至尾部，偶有黑色斑点；腹部则为白色，后肢有舒展的趾蹼，善于水中栖息生活。

尖舌浮蛙成蛙多栖息在海拔 10～580 米的池塘、水坑、稻田或

小溪等水源充足的地方，捕食中华稻蝗若虫、若蚜虫、盲蝽、大叶蝉、甲虫、蜘蛛、蜻蜓、豆娘等昆虫，这些昆虫多数是庄稼的害虫。

浮蛙大多数时候漂浮于水面捕食、嬉戏和恋爱，一旦四周有风吹草动受到惊吓即迅速潜入水中，这成了江南水乡独有的风景。

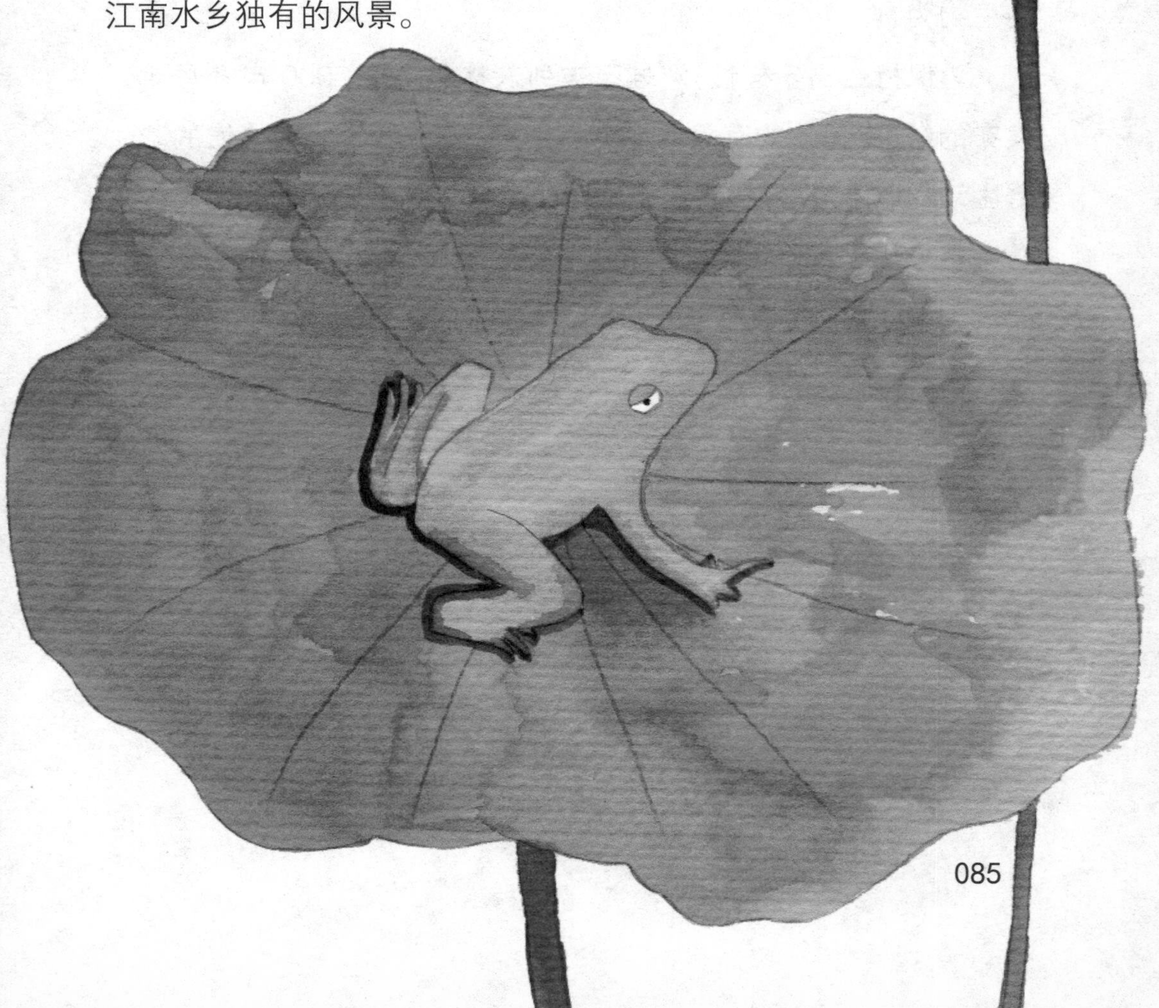

它们多在夏日的黄昏伏于草间或浮在水面鸣叫，鸣声为“哇、哇”的简单而尖锐的节奏。恋爱季节更是底气十足地鸣叫，节奏更加明快，以引起雌蛙的注意。

浮蛙的蝌蚪扁平而细长，棕褐色，尾长是头体长的 2.5 倍，上部尾鳍前端有隆起像鸡冠状的褶皱或平直形，嘴巴很小，以水中的浮游生物为食。

为保持生物多样性，浮蛙已被列入林业局于 2000 年 8 月 1 日发布的《国家保护的有益的或者有重要经济、科学研究价值的陆生野生动物名录》，这种漂浮于水面的小生灵会给人们的生产和生活带来更多的生趣。

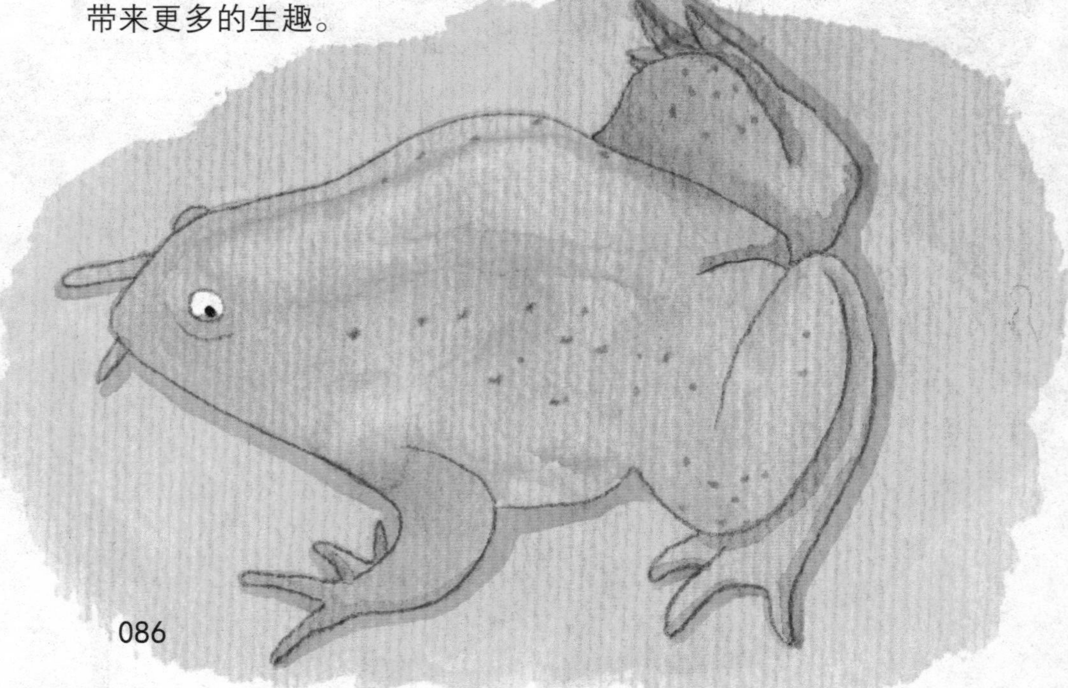

蛙类中的"战斗机"——飞蛙

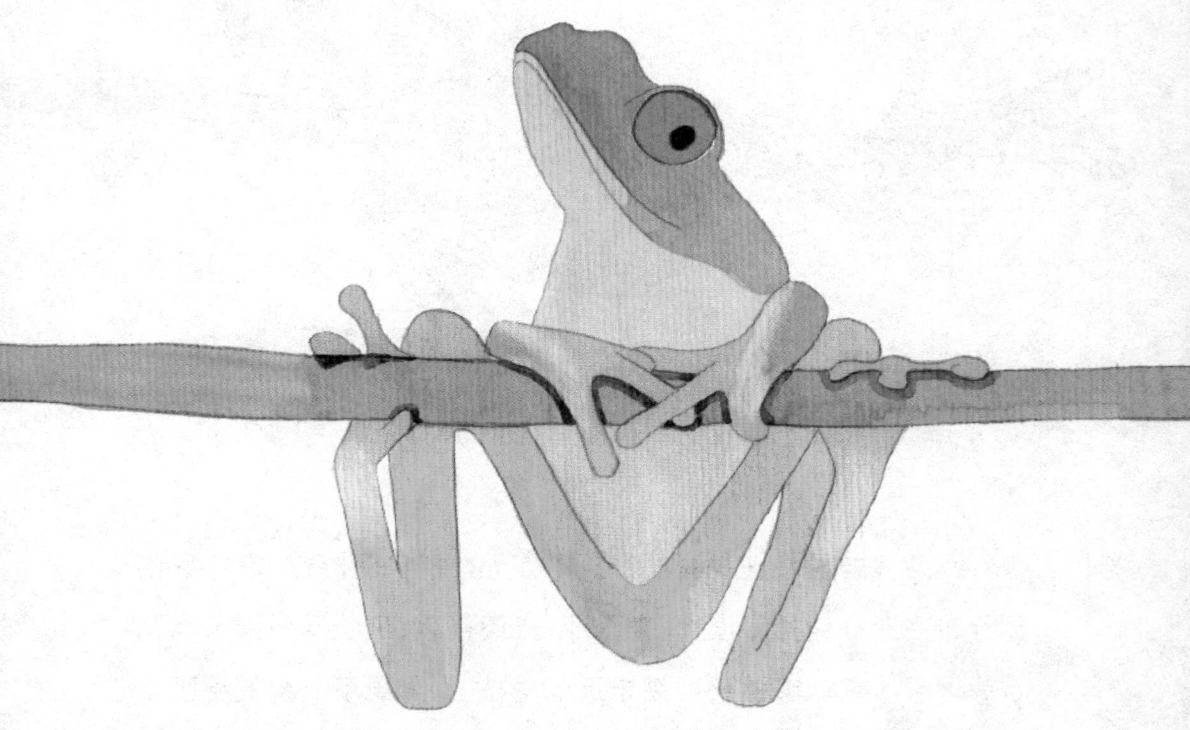

飞蛙是二三百种树蛙家族中的一员,是在马来西亚和印度尼西亚的热带雨林中被发现的,它们习惯生活在高高的树梢上。科学家们曾在 2007 年对这种通体翠绿、红蹼的漂亮树蛙进行过描述。因为它的蹼足很大,使它们能够在下落过程中滑翔,故称"飞蛙"。

因为飞蛙居住在树林里，它更响亮的名字是树蛙，它的家族成员分布在亚洲包括印度、马来西亚、苏门答腊、爪哇及中国云南和广西等地区。它能够跳跃到 2 米远的树枝上，如果下一棵树更吸引它的话，它会把脚下的树枝作为跳板再次跳过去。飞蛙通体为鲜明的翠绿色，只有四趾是红色的长脚蹼，而且四肢之间有扁平的皮肤，它们利用这些“自有装备”，就可以在树冠之间自由地飞来飞去，真称得上是树蛙中的“战斗机”啊！

当然，除了捕食和嬉戏，面对强敌的冒犯，它们也会展开四肢空降逃跑。飞蛙在弹射到空中后可以通过张开网状的脚趾来滑翔，不过它到底不是专业的“飞行员”，在某种程度上，还不能控制滑翔的距离和方向。但它还可以依靠收缩腹部以增添升力，在条件合理的情况下，飞蛙的一次滑翔能够长达 15 米！这是它的天敌和一些同类望尘莫及的。结束滑翔时，飞蛙的每只脚都像一顶小小的降落伞，使它能缓慢地降落下来。

飞蛙白天睡大觉，晚上出来活动，以捕捉蚱蜢为食。每当夜幕四合，飞蛙们便情绪激动起来，为捕食和求偶甚至嬉戏而飞来跳去。飞蛙还有一项本领：就是能随环境的变化而变换自身的颜色。它们会在一天中改变不同的肤色。在阳光明媚的白天，它们是蓝绿色的；傍晚时分，它们会变成绿色；到了夜晚，就完全变成黑色的了，仿佛黑

夜里“独行侠”。这种变色的本领不但可以逃过天敌的视线,又能够隐蔽地接近它的猎物,实在是一项“看家本领”哩!

虽然飞蛙喜欢生活在高处,但是它们必须下降到地面附近进行恋爱和生育子女。不是在水中,而是在树叶上产卵。它的卵连同一种被称为“蛋白”的物质一起产出后,成年蛙把它们用后腿不断地敲打成一种蓬松的泡沫团。不久,这种泡沫团就变得外壳坚硬,里面却仍能保持适宜的温度和湿润。蛙卵及其以后变成的蝌蚪就安全地呆在里面,一直等到雨水到来,把它们冲进池塘。

从此,小蝌蚪们就开始了它们在水中的崭新生活。等它们“过五关、斩六将”长成小飞蛙时,就可以跳到树上与它们的家族成员共同生活,在林间潇洒地飞舞了。

型男型女到处走·T台榜

关键词：西班牙有肋蝾螈、盗首螈、非洲爪蟾、马达加斯加彩蛙、印尼树蛙、番茄蛙、峨眉髭蟾

导　读：在两栖类动物家族中，有一些动物长相或奇特、或怪异、或可爱，总之，它们各有各的不同，并全心地展现着自己与众不同的风采，就像一场时装秀一样，它们陆续登上动物世界中的“型男型女”舞台。

插护背旗的“小将军”——西班牙有肋蝾螈

你一定见过京剧舞台上威风凛凛的武将吧，他们全副武装、昂首阔步、器宇轩昂，手拿马鞭指挥若定。这套行头中，最拉风的就属他们背后那四杆迎风飘扬的护背旗了，锋利的旗杆，漂亮的三角旗，气场十足，非常威武。

其实，你知道吗？两栖动物家族里也有这样一位威武的蝾螈将军——西班牙有肋蝾螈。

在遇到危险来袭的时候，它们会蜷缩起身体来保持进攻姿态，弓起来的后背上面会伸出来几个十分锋利的“刺枪”，就像即将披挂上阵、冲锋杀敌的将军一样，看到它们想玩命的架势，很多动物都会退避三舍。而且，它们的尖刺都有着剧毒，被刺枪扎伤的天敌，也不会有好下场，大多一命呜呼。

你一定会非常奇怪地问，小小的蝾螈身体内怎么会藏着这么锋利的尖刺呢？

原来，西班牙有肋蝾螈背后凸起的刺枪，其实是它们的肋骨，平时风平浪静的时候，这些肋骨藏在皮肤下面，跟正常的身体结构没

啥两样，但是一遇到危险，有肋蝾螈会把肋骨向外推出去，刺破皮肤突出来，成为尖利的背刺。而且，这些肋骨突出的部分有一层含有毒素的体液，敌人被扎中后体内就会被注入毒素危及生命。西班牙有肋蝾螈这种特有的秘密武器——带毒的“矛枪”厉害吧。

你肯定很奇怪，为什么蝾螈的肋骨会这么轻松地刺出来呢？其实，这跟西班牙有肋蝾螈独特的肋骨结构有关。因为，这种蝾螈长长的肋骨有着一个非常灵活的双头关节，这种独特的结构可以让肋骨完成向前的旋转，将“隐藏”的暗器突出来。这种胸腔结构在其他的近亲中也有类似的表现，比如一种火蜥蜴也有类似的骨关节，当它

们遇到天敌的时候，它们的胸腔会像充气的气球一样膨胀起来，突然变大的体型，会让很多敌人一下子摸不着头脑，不敢贸然进攻，甚至吓退进犯的敌人。

更令人惊奇地是，这种蝾螈在肋骨刺穿身体之后，并不会留下任何的伤口和小洞，皮肤会很快恢复原状。这是因为，蝾螈拥有超强的修复自身受损皮肤的功能。肋骨刺出皮肤这种看起来自残的行为，却是蝾螈摆脱困境的最好方法。

"斗笠大侠"水上漂——盗首螈

要说两栖动物界的装扮比较奇特者，这位头戴斗笠、酷劲十足的盗首螈肯定应该是佼佼者。

它们身长大约 1 米左右，猛一看，很像大蜥蜴。但仔细看，你会发现它们的头部扁扁的，不像其他两栖类的动物是圆圆的小脑袋，而且，最奇怪的是，它们尖尖的脑门，两边是夸张的尖角形状，整个脑袋形状像极了一种回旋镖，又像是戴上了一种特制的斗笠。

这种镖形的头部不光光是为了扮酷，它还充当了一定的"游泳圈"的功能。当盗首螈在水上游动的时候，扁平宽大的头部漂浮在水面上，会产生比一般的两栖动物更大的浮力，依靠这种浮力盗首螈可以轻松地实现水上漂的轻功绝技。而且，盗首螈还长着一条细长的尾巴，这是盗首螈在水面上快速游动时候的动力来源。这样的身体结构让盗首螈在两栖动物界也赢得了"水上飞"的美名。

这种外形怪异的两栖动物，不仅扮相很酷，而且还有非常显赫、悠久的家族历史呢。早在 2.7 亿年以前的二叠纪，盗首螈就已经开始展露风姿了。这种盗首螈按照古生物学家的分类属于游螈目。它

们是成员人数最多、种类最多样、造型变化最丰富的家族。在漫长的历史演化中，它们家族中的一类身材变得更加细长、苗条，走上了水蛇腰的“模特”路线；而另外一支，它们的头部的骨头结构向着扁平、宽大的路线发展，最终成为戴着一顶标志性酷酷斗笠的模样。

这位两栖动物T台上闪耀的明星，最终定居在美国德克萨斯州，要想看到它们的时装秀，你也只能前往那里才能一饱眼福。

帅气的“铁爪王子”——非洲爪蟾

接下来要大展身手的这位两栖动物模特来自遥远而神奇的非洲大陆，帅气的它有着一对像鸟类一样的利爪，这种特别的外形让它们在T台上特别醒目。它的名字叫非洲爪蟾。

非洲爪蟾的后腿特别发达，它们的脚上有五个“脚趾”，其中有三个趾的顶端长着角质物形成的尖利爪子。这让它们看起来特别威

风。当然,这对锋利的爪子也有它们特殊的用途。

在非洲爪蟾捕食的时候,如果猎物个头较小的话,它们就用上肢在水里将那些小动物捕获;如果它们碰上大个头的猎物,这后腿上的利爪可就派上了大用场,它们会用后腿的爪子撕扯食物,直到将食物扯碎。如果你看到非洲爪蟾手脚并用、狼吐虎咽的猎食方法,一定会笑出声来,这样的贪婪的吃相可不雅观。

另外,这对锋利的爪子在挖掘非洲爪蟾居住的洞穴时也是一对利器,它们的爪子前挖后蹬,不一会就能从泥土中开出一条通道。而且,这么锋利的爪子在紧急情况下,对于进犯的敌人来说也是个防御的有利武器。

与那些一到雨季就呱呱鸣叫的蛙类不同,非洲爪蟾是个两栖动物界的哑巴。因为,它们没有舌头,也没有其他蛙类嘴巴下面一鼓一鼓用来发声的声囊,但是,它们也有自己独特的联络手段和“语言”。

每当夏天来临,在非洲辽阔的星空下,雄非洲爪蟾会通过喉内肌肉的收缩,发出有长有短的声音来表达自己的爱意。附近的雌非洲爪蟾如果愿意接受雄非洲爪蟾的爱意,就会发出节奏明快的拍打声;如果不愿意,就会发出缓缓的滴答声音。非洲爪蟾们如此地谈情说爱,在两栖动物世界中也是非常罕见的。

非洲爪蟾的一生大部分时间都是生活在水中的,但是如果它们

长时间潜在水里不能呼吸新鲜的空气的话，也会被淹死，因为，它们的呼吸主要是靠肺部，所以要经常从水里伸出小脑袋呼吸一下外面的空气，然后再潜入水下捕食。

在它们身体的两侧，有两条白色的“飘带”，很像两条象征荣耀的绶带，看起来神气十足。这个独特的“服装设计”其实是非洲爪蟾的感觉系统，它们可以帮助爪蟾了解水中周边的情况，让它们能够

及时发现身边的猎物或者要对它们发起攻击的天敌。

每当夏天来临，太阳炙烤让非洲爪蟾栖息的池塘快要干涸的时候，它们就会用尖利的爪子在厚厚的泥土中给自己建造一所清凉的洞穴，然后呼呼大睡起来。这就是非洲爪蟾的夏眠。直到雨季来临，干涸的池塘再一次池水盈盈，饱睡了一大觉的非洲爪蟾才会扒开洞穴，重现江湖。

飞檐走壁的"花蝴蝶"——马达加斯加彩蛙

你一定听说过这样一个谜语："眼大嘴大肚子大，常穿一身绿花褂，水田池塘常见它，消灭害虫人人夸。"这个谜语的谜底就是青蛙。但是今天大家要认识的这位两栖动物明星可不是身"穿"绿色迷彩外衣的普通青蛙，它们是一种罕见的彩蛙——马达加斯加彩蛙。

马达加斯加彩蛙，主要生活在马达加斯加岛屿上的岩石、草地、丛林里。它们被誉为地球上"最罕见"、"最不寻常"的两栖类动物。它还有许多别名，比如：彩虹穴居蛙、红雨蛙、哥特列布窄嘴蛙、装饰料斗等。

马达加斯加彩蛙通体大多数是暗色，接近于黑色的小脑袋便于它们藏身于溪流的岩石之下，但是它们的后腿上却有着非常靓丽的橘黄色，上面还布满了黑色的条纹，整个的身体图案很像一种翩翩飞舞的斑纹蝴蝶。

其实，不光是穿着打扮很像蝴蝶，它们还有着敏捷的身手。它们居住的地方有很多的岩石，因为习惯了山地生活的它们攀援能力非常高强，这些沟沟坎坎的岩石并不能阻碍它们的脚步，它们甚至还

能在接近垂直的岩石表面上演飞檐走壁。有这样的神奇轻功,叫它们“花蝴蝶”也就不足为奇了。

这种个头较小的马达加斯加彩蛙的主食是那些土壤中的小型生物,而当受到天敌的攻击时,它们还有一项逃生的绝技,会让自己的身体膨胀起来,像一个鼓起来的皮球。对手往往会被这个花里胡哨的圆球球吓得一愣,有些胆小的敌人就会落荒而逃,这样马达加斯加彩蛙就会趁机逃到安全地方。

猪嘴巴的“紫衣隐士”——印度紫蛙

与大家能够在溪流旁、农田里经常见到的两栖动物不同，身穿紫色外衣的印度紫蛙可是一位深居简出的“隐士”。由于它的行踪诡秘，飘忽不定，人们一直到 2003 年才真正认识了其真实面目。

印度紫蛙主要生活在印度喀拉拉邦高止山脉西部，因为它的首次发现是在印度地区，故命名为印度紫蛙。

跟大多数的两栖类动物生活环境不同，印度紫娃喜欢生活在 1.3～4 米深的地下，一年中的大多数时间都呆在地下过着隐居的生活，只有在每年雨季来临的时候才出来见见天日，只有短短的两周时间。这也是人们迟迟没有发现它们的原因。

这种神秘的紫蛙身长大约 7 厘米，肥胖的身体滚圆滚圆，而且皮肤都是亮亮的紫色，由于长期居住在地下阴暗的环境中，它们的眼睛跟那些大眼睛、明眸善睐的同类相比小得可怜。最好玩的是，它们的鼻子向前翘着，非常像个猪鼻子，在加上印度紫娃肥胖丰满的身材，它们又被称为“猪吻蛙”。

你一定非常关心居住在地下的紫蛙是怎么解决吃饭问题的。这

个你不用担心，紫蛙的食谱还是非常丰富的，那些挖掘地下宫殿的白蚁家族，还有其他居住在地下的昆虫，都是紫娃们的美味。不过由于长期的地下生活，紫娃眼睛的视力已经严重退化接近失明，它们捕食主要是靠异常灵敏的嗅觉和听觉来完成。

说起来这位隐士的身世，还是非常的显赫。人们利用先进的DNA技术发现，早在一亿多年前，紫蛙的先人们就已经和当时地球上的统治者恐龙生活在一起了。因此，紫蛙又被称为蛙类家族的活化石。而且，与其他的已经被人类发现家族背景的蛙类不同，紫蛙由于其与众不同的家庭出身，至今还没有被划归到正式的蛙科家族队伍，因为它们实在与已知的29个蛙类家族中4800多种蛙们有着太多的区别了。

目前，印度紫蛙的影踪大多出没在高海拔的少数山区，而且它们家族成员数量极其稀少，目前只发现了大约130多只，最不利于这个家族繁衍的问题是："男女"比例严重失衡，现存的这些紫蛙只有3只雌性紫蛙。

造成印度紫蛙数量急剧减少的原因就是，当地农民对于土地的不断开发已经直接威胁到了印度紫蛙们的生存。如果人们一直置紫蛙的生存环境恶化于不顾，也许有一天，这些地下的隐士们真的会彻底从人们的视线中消失。

长鼻子的“匹诺曹”——印尼树蛙

匹诺曹的故事你肯定听说过吧，那个小木偶因为喜欢撒谎鼻子被变得长长的，十分搞笑。其实，两栖动物家族庞大的成员中也有一位长着长鼻子的“匹诺曹”，它是一种新近被发现的印尼树蛙。印尼树蛙主要生活在印度尼西亚的一个岛屿上的热带雨林里。

这种树蛙的嘴巴上面长着一个突起的部分，看起来很像一个长鼻子，但是这个鼻子的作用是什么，科学家们还不得而知。不过科学家们发现了这个长鼻子的奇特的变化规律：在树蛙发出叫声、呼朋唤友的时候，这个长鼻子会朝上凸起，好像是表达了树蛙兴奋的心情似的。而在它不想活动的时候，它的长鼻子就会耷拉下来，一副无精打采的样子，长鼻子像是树蛙心情的晴雨表，有趣吧！

两栖界的"大红人"——番茄蛙

接下来要登台的，可是两栖动物界的"大红人"，它们有着橘红色艳丽的外衣，短小结实的四肢，一双圆鼓鼓的眼睛，那样子活像一个鲜艳可口、熟透了的大番茄。它们就是大名鼎鼎的番茄蛙，一种来自马达加斯加岛的神奇蛙族成员。

番茄蛙的个头跟人类的拳头大小差不多，它们主要是在夜间出来活动，对它们来说，蟋蟀、蟑螂、小鱼什么的都是十分可口的美味。不过，在饥饿难当的时候，它们也会铤而走险对一些类似老鼠的小个头的哺乳动物下毒手，丰富一下自己

的餐桌。

当遇到危险的时候，它们会在第一时间把自己胀成一个橘红色的圆球状，像是在警告敌人："你千万不要动我啊，我可是不好惹的。"如果这个警告无效的话，番茄蛙还有一招更加厉害的护身法宝，它们那身橘红色的外衣其实是一种能分泌毒液的保护层。不过，

这种毒液的毒性并不像下毒大王箭蛙那样致命,这种毒液会造成接触了黏液的生物皮肤红肿,有一种被火烧了一下的灼伤感。下次如果再遇见番茄蛙,很多领教过它这一招的小动物就会躲着它走了。

像其他很多的两栖动物一样,番茄蛙也不喜欢运动,但是它们很擅长挖掘,在挖掘自己藏身的坑洞的时候,两条有力的后腿就是非常有用的挖掘工具,不一会就能将泥土挖出一个容身的坑洞,而后,番茄蛙就安安稳稳地住进了自己开发、建筑的房间了。怎么样,看起来不起眼的番茄蛙是不是很能干呢?

由于它们可爱的外形十分显眼,番茄蛙成了很多人饲养宠物的热门目标,在宠物市场上炙手可热,针对人类的偷猎行为屡禁不止,它们的数量也在急剧下降。目前,它们的生存状况已经受到了全人类的重视,它们已经被列入世界濒危物种保护贸易公约附录Ⅰ,成为了重点的保护目标。

蛙类中的“美髯公”——峨眉髭蟾

你见过长胡子的蛙类吗?你一定会摇着脑袋说,这怎么可能呢?其实,这并不是什么天方夜谭,在我国风景秀丽的四川峨眉山地区,就生活着这样一种长胡子的蛙类——峨眉髭蟾。说是胡子,其实这只是一种在雄蛙上颌边缘上生长出来的锥状角质黑刺，猛一看,还真像古代故事中的美髯公。

髭蟾的胡须可不是为了耍酷，胡须对髭蟾来说有着重要的用处。每年到了髭蟾们谈婚论嫁的季节,这些成熟的雄蛙们上颌的边缘都会长出 10~16 根左右的黑色角质刺,大多为 12 根,均匀地排列成一圈,很像茂盛的胡须,而雌蛙在这个季节,上颌边缘相应的部位也会出现十多个米色斑点。这帅气的“胡须”似乎也向世人宣告了自己的强壮和成熟,“男士”髭蟾们以此来吸引优秀雌性蛙类的青睐。由于峨眉髭蟾的胡须数量最多,因此也被称为“中国角怪”和“世界上长有最多胡子的蛙”。

峨眉髭蟾不仅美髯出众,它们的眼睛也是十分的特别。它们有着一对彩色的眼睛,最稀奇的是,眼睛的上半部分是蓝绿色的,而下

半部分则是深棕色的。

能变色的时尚眼睛，帅气阳刚的胡须，峨眉山髭蟾可以称得上是两栖界T型台上的男一号了。

峨眉山髭蟾是峨眉山地区的特产，在别的地区生活的髭蟾胡须都没有它们这么多，大多数只有四根左右，比起峨眉山髭蟾来说简直是小巫见大巫了。这些稀有的蛙类目前大多生活在海拔近千米的崇山峻岭的溪流旁边，而且它们还喜欢白天躲在溪流边的大石头下、厚厚的落叶堆成的“软床”中呼呼大睡，晚上则精神百倍地四处出击，蜗牛、蟋蟀等昆虫都是它们喜欢的美味。

我国是拥有髭蟾种类最多的国家，全世界现有 7 种髭蟾，有 6 种生活在我国，其中 5 种是我国独有的。如果你想去看看这些蛙类中的美髯公的话，可以在四川的峨眉山、贵州的梵净山和雷山、云南的哀牢山、福建的武夷山、广西的大瑶山等地方发现它们的踪迹。

居住生活很讲究·家居榜

关键词：火蝾螈、大鲵、异舌穴蟾、湍蛙、锄足蟾

导　读：两栖类动物家族中的一些动物的生活方式、居住习惯等，也有极大差异，而它们正是依靠自己独特的居住方式和生活习惯，才得以生存与繁衍。

藏身枯木的“夜行侠”——火蝾螈

在古老的欧洲，这是一种被描述成能在火中生活的神奇两栖动物。那时候的人们认为，它可以在火中生活，呼吸火焰，甚至将火焰当做美味吃掉，更为传奇的是，它们的皮肤如果被火烧掉的话，还会迅速生长出新的皮肤。它们还被很多炼金的巫术大师们当成宝贝，因为他们认为它背上黄色的斑点象征着和硫磺一样燃烧的力量。这种传奇的两栖动物就是火蝾螈。

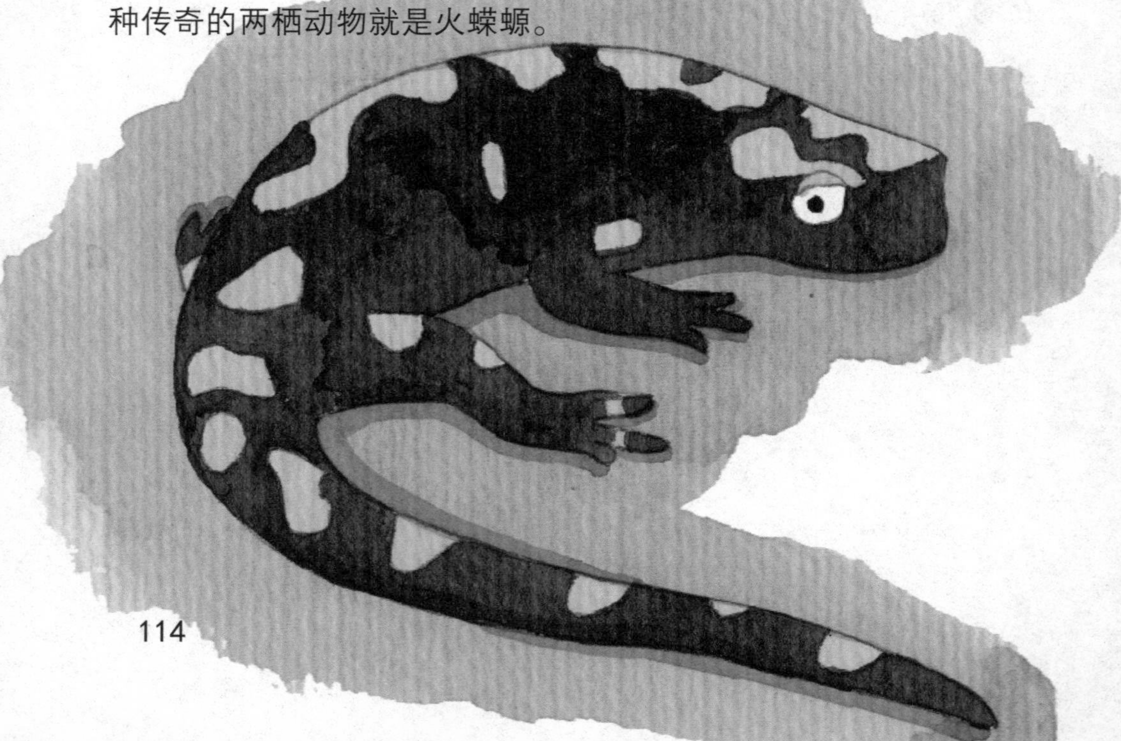

其实,它们并没有人们传说中的那种神奇的力量。这一切只是人们的一个误会:因为火蝾螈是一种陆生的动物,它们非常喜欢居住在枯树的树洞里，当这些枯木被人们当做柴火生火做饭的时候，躲在其中的火蝾螈忍耐不住灼热的火力,就会拼命地从熊熊大火中窜出来逃生,看到这一幕的人们会非常惊诧地认为,它们是一种从火中诞生的神奇动物。因此,也送给它们这样一个霸气的名字。

很多身披绚烂外衣的两栖动物都不是好惹的,一身黑袍的火蝾螈背上有着明黄色的斑块,这像信号灯一样警示来犯的敌人:别靠得太近,我们可不是好惹的。确实如此,火蝾螈的皮肤会分泌一种毒液,在它们双眼后面、背部的两边都有能分泌毒液的腺体,在遇到紧急情况的时候,皮肤会分泌出乳白色的毒液。这些毒液虽然毒性并不致命,但是如果有人不慎将其滴入眼睛里,可能会造成暂时性的

失明。

火蝾螈喜欢夜间出来活动，以蟋蟀、蚯蚓、面包虫等昆虫为食，是一个十足的肉食动物。而且它们家族的成员遍布欧洲大陆，还有十多种亚种，众多的家族成员间体型、相貌各不相同，也让火蝾螈家族成了一个五彩缤纷的大家庭了。

此外，火蝾螈长期生活在海拔近千米的高山峻岭中，长期高寒的生活让它们喜冷不喜热，如果温度超过 25℃以上的话，它们的新生儿都无法生存了。但是过于寒冷的话，它们又会进入冬眠的状态。每年到了气温降到 5℃的时候，它们就开始进入了冬眠状态，不吃不喝，直到来年春暖花开大地温暖起来，才又睁开朦胧的睡眼重新活跃起来。

岩洞中的“老寿星”——大鲵

提起来大鲵的名字，你可能还会有点陌生，如果说娃娃鱼，你肯定就会恍然大悟了。它们是一种喜欢隐居在洞穴和山间的溪流石头中间的两栖有尾动物，因为它们的叫声酷似婴儿的啼哭，因此它们才有了娃娃鱼这个美名。

大鲵其实还有一个绰号，叫做“山涧夜行侠”，这是对大鲵捕猎特性一个最准确的描述。因为大鲵喜欢昼伏夜出的生活方式，在月黑风高的夜晚，它们会潜伏蹲守在山涧的石堆中间，静静地等待猎

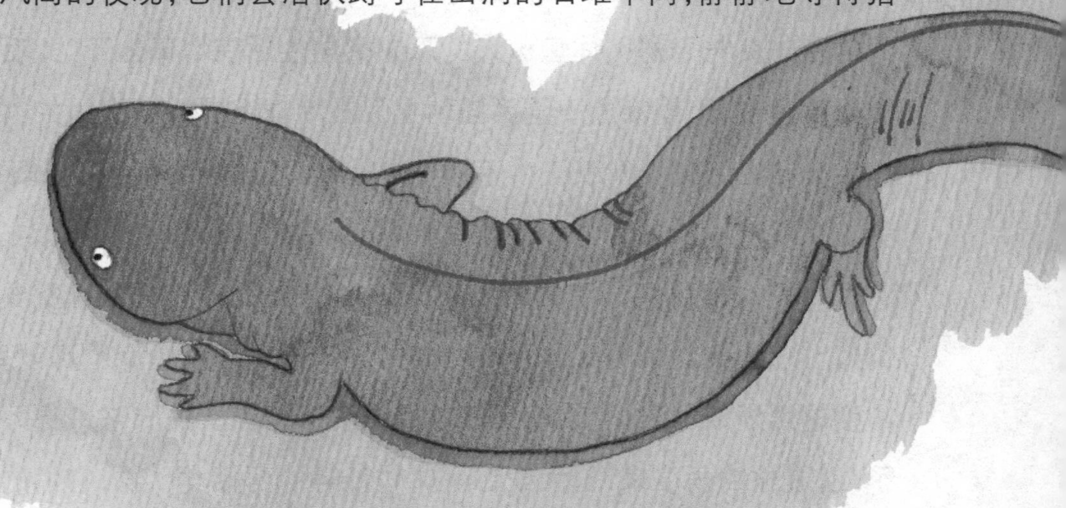

物自投罗网。由于它们的肤色非常接近周围的石头的颜色，有这样的保护色，大鲵能非常好地把自己硕大的身体隐藏起来，从它们身边走过的猎物往往不会注意这样一块巨大的“鹅卵石”。

将自己隐身起来的大鲵，一旦发现猎物的行踪，它们会瞅准时机来个突然袭击，它们的嘴巴又大牙齿又尖利无比，一般的猎物被大鲵叼住后就很难逃生。不过，它们的牙齿没有咀嚼的功能，因此，大鲵喜欢囫囵吞枣的方式，风卷残云般将整个猎物吞到肚子里，随后在胃里慢慢地消化猎物。小鱼、小蟹、蛙和蛇等动物都是大鲵喜欢的美味佳肴。

大鲵是一种古老生物，它们家族的历史可以追溯到 3.5 亿年前，那时候还是联合体大陆尚未形成漂流大板块之前的泥盆纪，大鲵的祖先就先于那些体型庞大的恐龙家族生活在地球上了。此后的漫长岁月中，大鲵家族一直顽强地生活在地球上。如今，大鲵的家族主要分布在张家界及长江中下游部分地域的石灰质山区、人迹罕至的山林溪流中。

大鲵这种古老的两栖动物对于人们研究物种的进化有重要的价值。它们在幼小的时候，是用鳃呼吸的，但是等到八九个月以后，它们的鳃渐渐地退化，大鲵又开始用结构比较简单的肺来进行呼吸了。从进化的角度来说，大鲵还是比较低等的两栖类动物，它们的家

族可能是脊椎动物由水生到陆生、从水生鱼类演化到陆上爬行动物的一个重要过渡形态。

它们还是目前世界上现存的最大个头的两栖动物，它们中的成年大鲵身长最长能达到 1.8 米，跟一个成年人的个头差不多，而且它们的体重还能达到 200 千克以上，可以说是两栖动物家族中的巨人了。不过，要是与史上已经消失的 9 米长的巨型锯齿螈“前辈”相比，大鲵还是个小个子呢。

此外，它们还是两栖动物界里实至名归的老寿星，它们的寿命可以长达 200 岁，比人类最高寿的人还要老呢。大鲵还有神奇的耐饥饿的能力，即使不吃任何的东西，它们也能安然无恙地生活两年以上，也许正是靠着这么高超的忍术，它们才躲过了数次物种的大

劫难至今仍然活跃在地球上。

虽然它们家族在漫漫发展历史上成功躲过了数次大的物种灭绝，但是它们现今的生存正在受到人类活动的严重威胁。由于大鲵对地质地貌、水质条件等有着非常苛刻的要求，环境方面稍有恶化都有可能导致大鲵家族的灭绝，因此它们的存在也被看成是环境是否良好的标志之一，它们也被称为生态环境的“指示剂”。

近年来，由于环境的破坏、人为的猎杀等原因，大鲵的种群数量在急剧地减少，对于这一珍稀两栖动物的保护刻不容缓。因此，大鲵被写入 1998 年版的中国濒危动物红皮书中，成为“极危物种”中一员，享受国家二级重点保护。

生活于地下的少数派——异舌穴蟾

在两栖动物界里，异舌穴蟾可是一个标准的少数派。首先，它们的同类伙伴非常少，是两栖纲无尾目异舌穴蟾科里现存的唯一物种。

而且，它们跟其他两栖动物的"亲属关系"似乎更远一点，虽说异舌穴蟾也被归于蛙类一族，但是亿万年来，异舌穴蟾家族的进化都是自己关起门来独立进行，与这些两栖家族的亲戚们很少走动，大多数动物之间的关联度，都比异舌穴蟾与其他两栖动物之间的关系更为亲密。从这个意义上讲，异舌穴蟾确实是个特立独行的"家伙"，与别的蛙类都不一样。

不光是进化上的独一无二，就连它们的生活场所和特性也极其少见。跟其他的两栖类喜欢亲近水源的习惯不同，异舌穴蟾家族一年的大部分时候是生活在土壤里的，在土里筑巢的白蚁是它们最爱的食物。每年只有到了雨季来临的时候，它们才会短暂地爬出洞穴在水里产卵，在完成繁育下一代的重任后，它们又会退缩到地下自己的小世界去。

异舌穴蟾还有一个特别之处是它们的舌头。别的两栖动物的舌头都是附着在嘴巴的底部，等要捕食的时候，它们的舌头会翻出来粘住飞虫之类的小昆虫。而异舌穴蟾的舌头是可以直接向前伸出来的，像一条直直的射线。此外，当它们为求偶而高歌，或者面临危险的时候，它们浑圆的身体会膨胀成一个圆球状。它们身体上遍布红点，背上一条明显的红色条纹线，在膨胀起来后像极了一个小号的篮球。

异舌穴蟾主要集中在几个美洲国家，在美国德克萨斯州的南部、危地马拉、洪都拉斯等地都能发现它们的踪迹。并且，它们的数量稀少，还被称为“进化过程中最有可能灭绝的动物”，这样的蛙类少数派还真的需要人类好好保护、照顾呢。

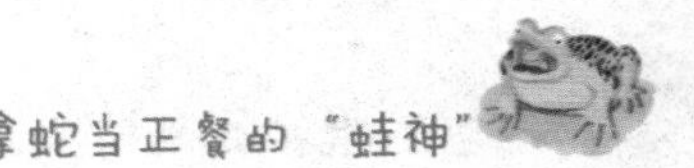

激流中的"蜘蛛侠"——湍蛙

能够在高楼大厦上爬行如履平地的蜘蛛侠，你一定非常羡慕吧，其实，在两栖动物界里也有这样一位爬行的高手——湍蛙。

湍蛙是蛙科的1属。我国常见有18种湍蛙，分别是：凹耳蛙、华南湍蛙、景东湍蛙、四川湍蛙、大湍蛙、小湍蛙、小耳湍蛙、山湍蛙、崇安湍蛙、戴云湍蛙、棕点湍蛙、棘皮湍蛙、武夷湍蛙、海南湍蛙、理县湍蛙、绿点湍蛙、西域湍蛙、长吻湍蛙。它们主要分布在我国的秦岭、西藏、华东、华南以及海南岛等地区。湍蛙的卵主要产于瀑布下的石隙间，或者粘于其他物体上。

湍蛙长期跟激流搏斗的过程中，其体形已经变得非常适应在湍急的水流中生活：它们的身体扁平，后腿细长，这样大大减少了水的阻力；它们的脚趾末端有大大的吸盘，借助这些器官可以让湍蛙即使在湍急的水流中也能保持稳定。另外，它们的腹部是肉垫状的，这样方便它们利用水的压力附着在岩石上面。

不仅是成年的湍蛙已经能够适应恶劣的生活环境，连它们的小蝌蚪甚至受精卵都有一套与激流对抗的好办法。湍蛙在还是一粒卵

子的时候，它们能够渗出一种黏液把自己粘贴在石头上，防止水流将它们冲走。

湍蛙的宝宝小蝌蚪们的招数更高，它们的腹部下面有一个“U”形的马蹄状大吸盘，这个器官让弱小的蝌蚪们能牢牢地吸附在光滑的岩石上，不至于被水流带走，离开它们的妈妈还有兄弟姐妹们。

不管面对多么不利的生活环境，湍蛙总是能找到克服困难的方法，这种不向命运低头的精神，值得人们学习。

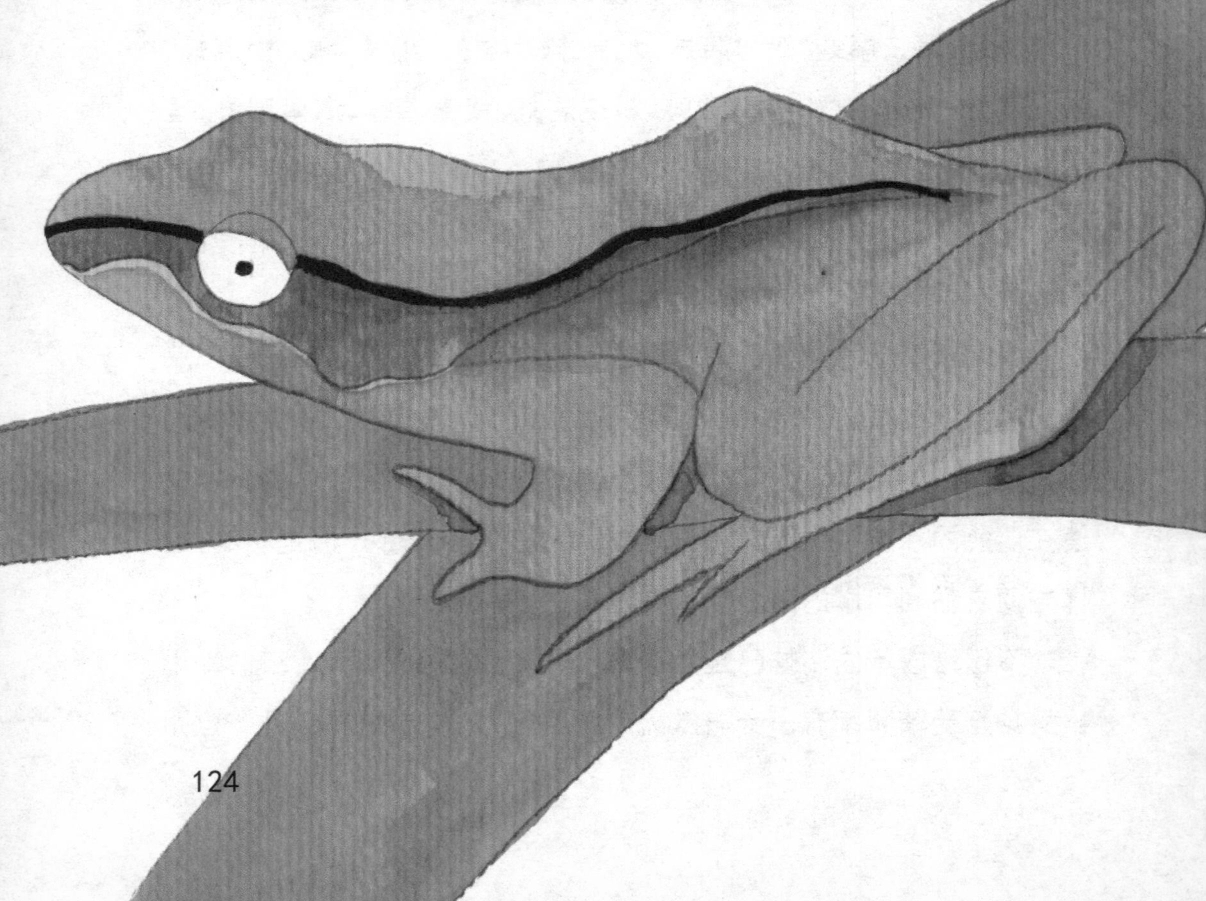

身长铲子的“建筑家”——锄足蟾

我国有句民谚广为流传:“龙生龙、凤生凤，老鼠的儿子会打洞。”事实上,小老鼠刚生下来并不会打洞,而是大老鼠打好洞,让小老鼠居住。不过小老鼠成年之后会继承大老鼠打洞的本领。这个习以为常的现象广为人知。其实在两栖类动物家族中,也有专业打洞的动物,它就是锄足蟾。

与小老鼠一样,因为锄足蟾属于“变态动物”,其幼子为蝌蚪在水中生活,完成变态后的幼蛙才能离开水中,登上陆地,过两栖生活。因此而言,只有成年的锄足蟾才能打洞。

锄足蟾种类较多,根据生活地区、生长特点等不同,分成很多种类,不过由锄足蟾组成一个锄足蟾科,隶属于两栖纲。这一类动物主要生活在欧洲、非洲、西亚、北美等地区。

所谓“锄足蟾”,即指这种蟾的后肢脚跟部长有丰富的角质蛋白并形成凸起状,其形状类似于新月形的“铲子”,故得此名。

锄足蟾的“铲子”就是用来挖掘洞穴的,在两栖类动物世界中,这种靠自力更生建筑洞穴,并以典型穴居生活的动物并不多见。锄足蟾当属于“自我建造家园”的佼佼者，与其他两栖类动物相比，它不用借助外部环境形成的洞穴或者其他遮掩物而生存，而是直接在土地上掘土挖洞。因此，锄足蟾的生活大部分在洞穴中度过。

锄足蟾，属于夜行性动物，不喜欢强烈的阳光，它白天潜伏于洞穴之中，夜晚出来活动或觅食。当然，它属于“宅男”或“宅女”类的动物，不大喜欢走出它的洞穴，只有在外部环境非常潮湿或者下雨的时候，它才会从洞穴中爬出来溜达一圈，并捕获一些猎物带回洞穴中。

在锄足蟾的猎物名单上，主要是节肢类动物，当然大个头的节肢动物它无法捕获，而以昆虫为主的节肢动物是它的主餐。

锄足蟾体长通常为 4～9 厘米。由于体型矮小，锄足蟾在食物链上无法占据优势，所以它很少走出洞穴，大多时候过着隐居生活，其实也是为了自身的安全着想。当锄足蟾想要到陆地上生活或捕猎食物的时候，它通过自身体表的色彩进行伪装，通常与周围的环境、树林、泥土的颜色接近，以便保护自身安全。因此，锄足蟾的体表颜色通常呈深绿、棕色或暗灰色。这样一来，能够使它在活动的地区进行藏匿与伪装，从而不会受到其他动物的攻击与伤害。

也许，这些因素综合起来，才导致锄足蟾进化成典型的穴居两栖类动物。

能吃能喝好胃口·肚皮榜

关键词：烟蛙、亚马逊角蛙、版纳鱼螈、洞螈、虎纹蛙

导　读：在两栖类动物家族中，吃喝自然也是大事，不过令人惊奇的是，它们之中有敢于吃蛇的种类，也有吃比自己个头小的同种族的动物。总之，这些在吃上特讲究的两栖类动物各具特色、各有千秋。

拿蛇当正餐的“蛙神”——烟蛙

在弱肉强食的自然界，强者以弱者为食似乎是一个铁打的定律。但是，也有那么几个敢于藐视权威、打破这条定律的“孙猴子”存在。

在两栖动物里，就有这么一种绰号“蛙神”的动物，敢把它的天敌——蛇当正餐吃！

“蛙神”的真名叫烟蛙，生活在南美洲中部的巴拿马森林里，体重不超过50克，与一般的青蛙没什么两样，通身碧绿的颜色，看起来一点也不起眼。可是你忘了，真正的大侠级高手一般都是貌不惊人的！烟蛙不发声，它就蹲在那里，路过的蛇见了它非但不敢吃，反而如临大敌地拼命逃跑。因为大多烟蛙是以蛇类为主要食物的，也就是说正餐。小个子的烟蛙天天吃对两栖动物们作威作福的蛇，真是令人称奇！

要把蛇当作正餐，没有过硬的本领可不行，看看烟蛙的独门秘器吧！

烟蛙捕捉蛇有个特殊的武器，就是它的胸前有两块呈乳头状的

坚硬肌肉，很像一把老虎钳。当烟蛙遇到蛇时，它先一口咬住蛇的七寸，然后就用这把肌肉钳子把蛇牢牢夹住，蛇只有徒劳挣扎的份儿了！在无力还击的状态下，蛇很快失去了战斗力。等烟蛙把蛇夹到，头发蒙、眼发花，一点挣扎的力气都没有时，“蛙神”这才放松肌肉钳子，然后端正一下身子，沉着而淡定地享用它的超分量的大餐。

其实,烟蛙捕食蛇类的方法极类似蛇类捕食其他青蛙常用的方法,这正有点“以其人之道还治其人之身”了。

烟蛙善于通过体表颜色进行伪装,它的皮肤颜色会随着周围环境的变化而变化,同时,当它捕捉猎物(蛇)时,更是变幻莫测,搞得那些在蛙类面前横行霸道惯了的蛇类也晕头转向,难以分辨。

烟蛙主要以森林陆地环境作为生存场所,所以它的前掌足趾间没有蹼,而是长着四趾一角,这些特征十分有利于它在地面上迅速行动和捕食。

逮什么吃什么的"贪吃鬼"——亚马逊角蛙

矮墩墩的身材，非常夸张的大嘴巴，眼睛上面是一对凸起来的"角"，身穿黄色或者鲜绿色底色、绯红色条纹的外衣，这就是两栖动物界知名度最高的宠物明星蛙——亚马逊角蛙。

亚马逊角蛙拥有圆胖的体形，可以长到20厘米，足以覆盖一个大茶碟。它们喜欢栖于落叶林中，常见于淡水沼泽和池塘，从哥伦比亚一直到巴西，足迹遍布整个亚马逊流域。

亚马逊角蛙最让人过目不忘的是眼睛上方两个尖"角"，这其实是一种肉质的三角状的突起，这是角蛙在原始森林满地落叶的周围环境中，能够将自己藏身在树叶下潜伏捕食的进化结果。

熟悉这种角蛙生活习惯的人，都叫它两栖界的"思想者"，这个名号的来历不是说亚马逊角蛙有多么聪明，而是说它们每天的生活除了吃东西、睡觉之外，大多数的时间都是在呆呆憨憨地面壁而坐，极像一位打坐、冥想的"思想者"。

其实，这位枯坐的"思想者"并不是真的在思考，而是亚马逊角蛙们守株待兔的一种捕食方式。它的狩猎习惯是一直蹲守在一个固定的地方，静静地等着猎物悄悄地来到嘴边，才发起攻击。正是习惯了这种非常省力的捕猎方式，亚马逊角蛙们很少外出活动，即使不捕食的时候也是呆呆地坐着，十分可笑。

亚马逊角蛙有着一张几乎占据了一半身体的大嘴巴，这其实是跟它惊人的大胃口相匹配的。如果食物充足，角蛙在短短的几个月体型就能超过 10 厘米，生长速度非常惊人。不仅是“嘴大吃四方”，

这种胃口极好、看起来憨憨傻傻的角蛙性情却比较“凶残”，被称为两栖蛙类中的“魔王”。它们的菜谱中不仅有昆虫，还有小型的飞鸟，甚至在穷凶极恶的时候，角蛙还会同类相残。

这种凶残的秉性其实在亚马逊角蛙还是幼蛙的时候就已经表现出来了，它们会将其他蛙类的幼蛙当做自己生长的美食。只要是体型比它小的动物从它们的旁边经过，即使是同类蛙族同胞也不能幸免，那张“血盆大口”谁也不会放过。

不过，它们是个超级“近视眼”，对于不会动的食物放在眼前也

看不见,你说可笑不?

亚马逊角蛙的雄蛙颜色很华丽,从深绿到灰土色都有。而雌蛙通常都是褐色的。它们的积极好斗和“贪吃鬼”的劲头,简直让它们的同类都脸红:有些被发现死在野外的角蛙,嘴里还露着吞不下去的猎物。它们真是要食物不要命啊!

闻香杀敌的“盲侠”——版纳鱼螈

武侠电影里有这样的绝世高手，他们可以闭着眼睛仅凭耳朵对敌人兵器袭来的风声来判断位置，并且能够一击制敌。这样传奇的功夫竟在两栖动物界也有“传人”。它们就是世界濒危的珍稀两栖物种、唯一中国才有的蚓螈类动物——版纳鱼螈。

猛一看版纳鱼螈，你肯定会大吃一惊，因为它们一尺多长，通身没有鳞片，很像一条巨大的蚯蚓，但是你仔细看这个小怪物的头部，你会发现，它长着不是太明显的小眼睛，还有一张小嘴巴。与凶神恶煞一样的蛇类相比，它们的样子又太过文弱了。虽然，它们长着眼睛，但是由于长期呆在洞穴幽暗的环境中，视力已经严重退化，只能看到一点点的模样。

没有锋利的牙齿，没有敏锐的视觉，没有强壮的身体，这些劣势让版纳鱼螈自我保护能力很弱，很容易成为蛇类、鸟类等动物的攻击目标。从此，为了躲避这些外来的侵害，版纳鱼螈习惯了忍辱偷生，白天它们藏在地下的洞穴中，到了晚上才悄悄摸出来觅食。但是，漆黑的夜里，版纳鱼螈如何填饱肚皮呢？

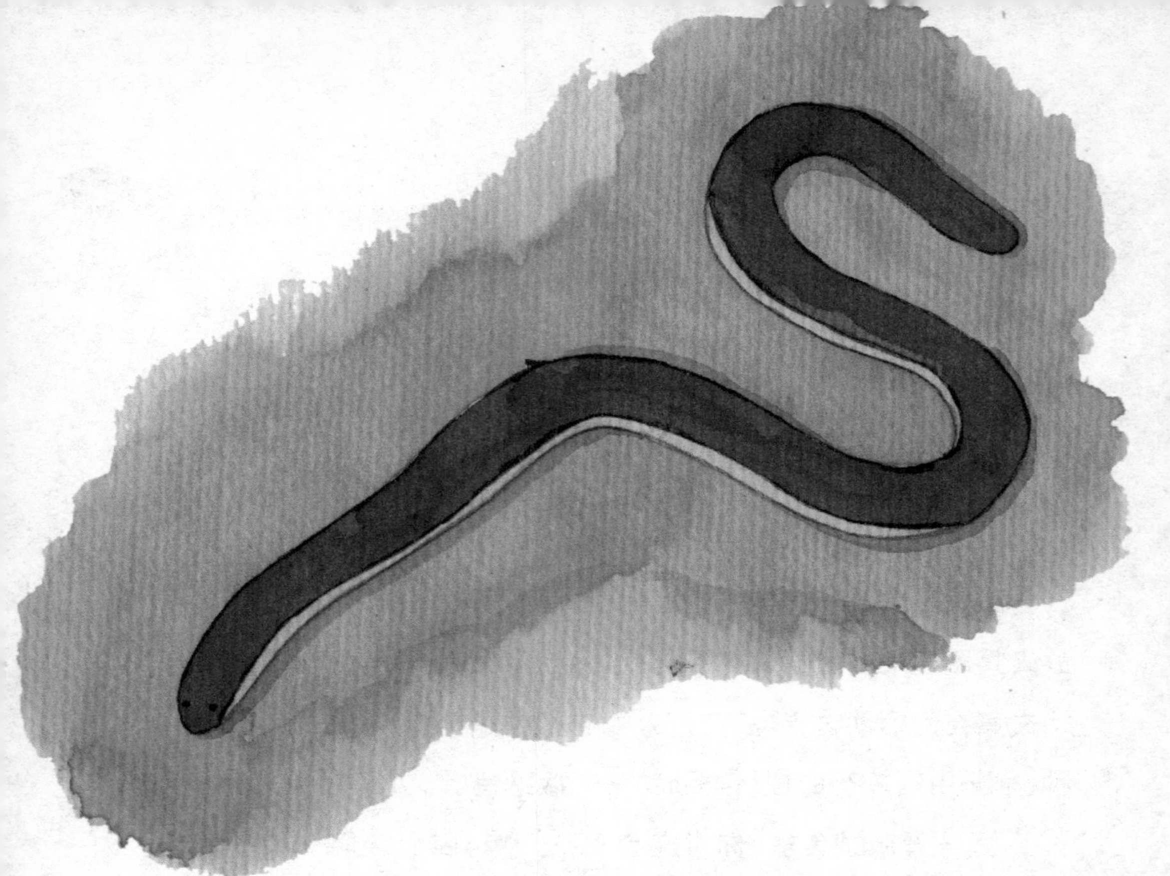

版纳鱼螈有着自己的独门秘籍——嗅觉，它们依靠敏锐的嗅觉，通过气味来发现食物、捕获猎物。闻香杀敌的本领在两栖动物界可是无出其右了。由于版纳鱼螈的嘴巴也不大，对于那些大型的昆虫它们根本也是无能为力。因此，它们的食谱中都是那些个头比较小的动物，泥土里的蚯蚓、蠕虫、虫卵等，都是它们最喜欢的美味。

版纳鱼螈捕食蚯蚓的场面非常有趣。由于版纳鱼螈的牙齿非常细小，不具备任何撕咬能力，只是增加摩擦力固定食物。在捕食蚯蚓的时候，版纳鱼螈总是通过身体不断地摆动，不断地扭曲，慢慢地把蚯蚓一点一点地送进肚里，然后在胃、肠里慢慢地享用。

版纳鱼螈是一种古老的生物，它们在地球上至少已生存了上亿年，和“活化石”娃娃鱼现身地球的年代不相上下，因此，在对两栖动物的研究方面，它们具有非常高的价值。

版纳鱼螈从分类上属于两栖动物的鱼螈属，这个大家族中大约有 34 种，版纳鱼螈的远亲大多分布于南亚和东南亚地区，但中国仅有版纳鱼螈 1 种，版纳鱼螈在我国分布于云南、广东、广西等地。

由于这种稀有物种的生存环境受到破坏，版纳鱼螈的数量急剧减少，从上个世纪 60 年代的五千余条，到现在人们预测已经不足400条，它已经到了濒临灭绝的地步。

希望大家能伸出手来，共同保护它们的生存家园。

名不虚传的“猛虎”——虎纹蛙

什么都吃，什么都敢吃，而且菜单上的食物种类繁多的当属虎纹蛙了。

虎纹蛙，别号水鸡、田鸡、青鸡、虾蟆等。别看虎纹蛙的外号并没有多么响亮，但是，它却身材魁梧、体格壮实，身体可达 12 厘米以上，体重在 250~500 克之间。

虎纹蛙主要生活在斯里兰卡、印度、巴基斯坦、马来西亚，以及中国的丘陵、水田、沟渠、水库、池塘、沼泽地等处。在我国的分布地域较广，海南、广东、广西、云南、贵州、江苏、浙江、福建、江西、四川、湖南、湖北、安徽、上海、河南、陕西以及台湾地区等，都可见虎纹蛙的身影。

虎纹蛙的皮肤凸凹不平，上面长有颗粒，其头部、背部呈黄绿色或棕色，其腹部则为白色。在这个颜色深浅不一、且不平滑的皮肤表部——从其头部到尾部，从腹部到背部，布满了不规则的斑纹，这些斑纹犹似老虎身上的纹路，因此，它有了虎纹蛙的名号。

白天，虎纹蛙藏匿于岩洞和泥洞之中，并在暗处观察周围动静，

如遇猎物路过洞口，则迅速出击将其捕获；如遇危险，则深入洞底躲藏起来。晚间，是虎纹蛙较为活跃的时段，这个时间段，它开始大量捕食。除这些特征之外，雄性虎纹蛙还具有占领地盘的概念，当有同类进入到一个雄性虎纹蛙占领的地盘时，它会将入侵者赶走。

虎纹蛙的头长得很有个性呈“三角形”，这有利于它在水中游泳时减少阻力，同时，它的嘴巴很大，但是不常开口，除非捕获食物的时候才开口。这个大嘴巴对于虎纹蛙来说等于如虎添翼，它在捕猎食物时，可以轻易将猎物擒住。

有了“虎纹”的虎纹蛙自然比较威风，与其摄食本性堪称名实相副。在其食谱上名单繁多，包括昆虫、蜘蛛、蚯蚓、多足类、虾、蟹、泥鳅、动物尸体，乃至蛙类动物中的泽蛙、黑斑蛙等。从这道菜单上，可以看出虎纹蛙的食物之丰富，堪称是“蛙界”的饕餮之神。

食物的丰富，自然归因于虎纹蛙的捕食能力，这符合“强者多食”的自然规律。

虎纹蛙的舌头对于其捕获食物起到了举足轻重的作用。它长长的舌头生长在下颌前端，到了舌尖处有分叉，并能分泌出一种黏液。当虎纹蛙发现猎物时，会通过较长的后肢一跃跳到猎物面前，伸出长长的舌头，并把舌头以一个姿态优美的 180 度弧度横扫过去，将猎物卷入舌头，再吞入口中，然后咽到腹中。这一系列的过程对于虎

纹蛙来说，是在极短的时间之内完成，没有任何破绽和漏洞，因此它的捕食准确率很高。

前面讲到虎纹蛙的菜单上有动物尸体这一项，这在蛙类动物中是不常见的，大部分蛙类动物以活物为食，但虎纹蛙却吃动物的尸体。这是什么原因呢？原来，这和蛙类动物的视角特点有关。

通常情况下，一般的蛙类动物眼睛是看不到静止的物体的，它们只能看到运动中的物体。虎纹蛙的眼睛结构与其他蛙类有极大不同，它的眼睛不但可以看到运动中的物体，还可以观察到静止的物体或者一些动物的尸体。

除了视觉可以帮助虎纹蛙捕食动物的尸体，它的味觉和嗅觉也能帮助它辨别食物，比如一些水生动物腐尸散发出的泥腥味等，会让虎纹蛙顺着气味将动物的腐尸找到。

虎纹蛙属于冬眠动物，当冬天即将来临时，虎纹蛙会大量储备越冬食物。在这个时段，它们的捕食活动频率很高，等到越冬的洞穴中存储了足够的食物，寒冷也随之到来，它便钻入洞穴，开始以冬眠的方式，度过寒冷的季节。

长期以来，虎纹蛙遭到人类大量捕杀，以及生态环境的恶化，生活在中国地区的虎纹蛙种族数量开始逐渐减少，因此，我国已经把虎纹蛙纳入国家二类保护动物的名单之中。

八年饿不死的神秘"龙子"——洞螈

讲了这么多好胃口的两栖动物,你一定会有一个错觉:两栖动物都是"欲壑难平"的大胃王么?其实,并不全是这样。下面介绍一位超级能扛饿的神秘动物——洞螈,它们可以绝食八年还安然无恙,并且还能在没有氧气的环境下存活三天。

不光是能耐得住饥饿的考验,它们还有抵抗时间、永葆青春的神秘力量。它们是两栖类动物中的长寿之星,寿命一般能达到 100 岁!

为什么洞螈会有如此长的寿命,它们的秘密何在呢? 最初人们认为,它们生活在寒冷的洞穴环境中,因此肌体的新陈代谢会比较慢,可能会是它们衰老得比较慢的一个原因。但是随着人们对这个神秘洞穴生物的了解,发现关于洞螈的长寿之谜还有许多疑团等待更深入的研究。

最神奇的是,即使是超过 80 多岁的高龄了,它们依然还是保持着青春的容颜,没有任何衰老的样子。因为,跟其他的青蛙、蟾蜍不同,洞螈是一种终生保持幼年形态的两栖动物,这也就是说,它们的

样貌会永远定格在很小的时候。

它们的身长一般不超过 30 厘米，全身是透着粉红的白色皮肤，它们还有着细小的前后肢，很像一只昂视前方的蜥蜴，而且不经意的话，看起还有点像一个矮小的孩子。因此，洞螈还被很多人称作“人鱼”。

它们的皮肤十分有趣，如果走到阳光下的话，肤色就会变暗，甚至成为黑色，而回到黑暗洞穴中的时候，又会变回粉白色。

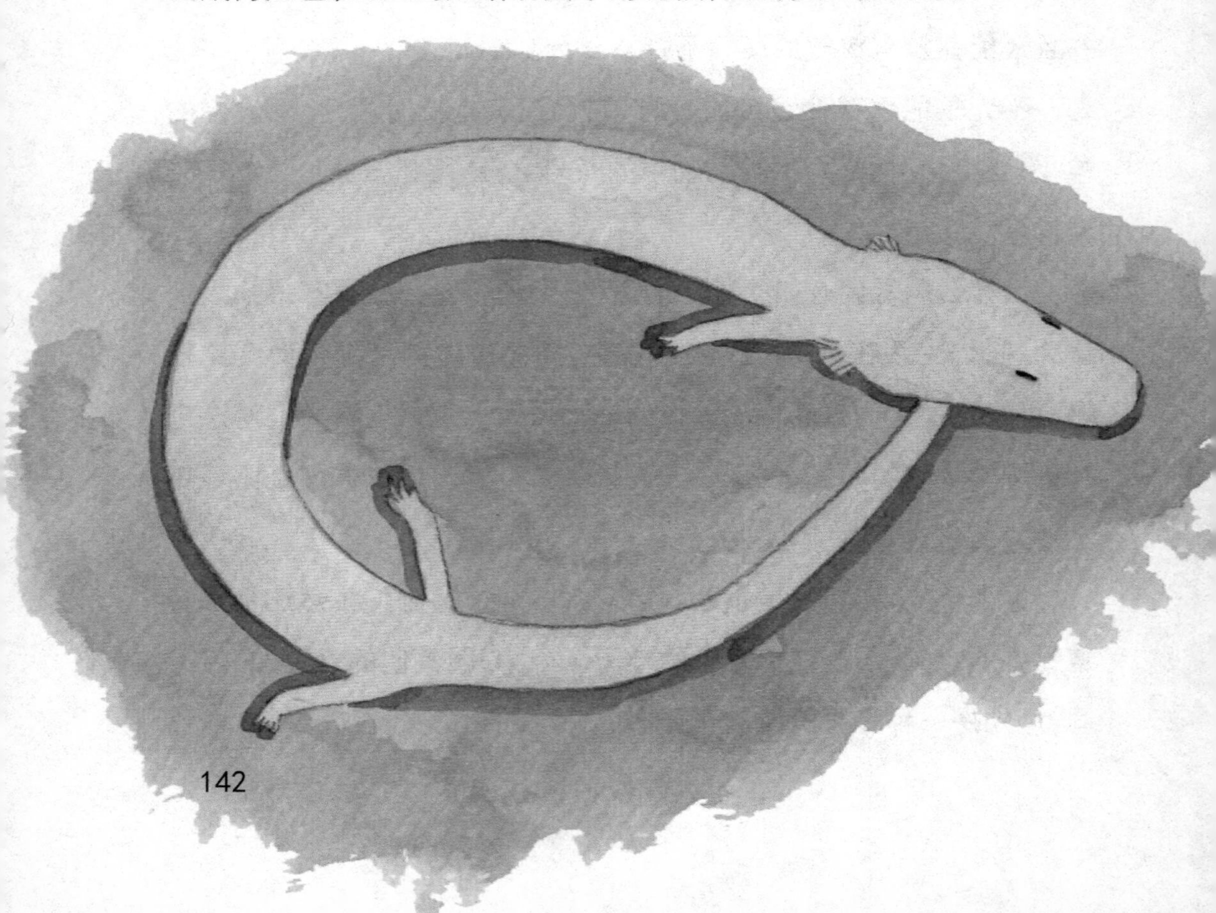

由于洞螈长期呆在漆黑的洞穴中，它们的眼睛没有了用处，视觉功能变得非常弱，几乎是个瞎子。其实，新生的洞螈视力还是正常的，但是它们出生后的第四个月开始，它们的眼睛就会蒙上一层皮肤，最后慢慢地变得失明。

洞螈的这一特性，也成为了动物进化研究上的一个经典的案例。著名的生物学家达尔文就在他的《物种起源》中提到了洞螈眼睛退化的例子，来作为他的动物进化"用进废退"的理论支持。他认为，洞螈长期的穴居生活，眼睛在进化过程中失去了原有的功能，动物的生存环境的变化会对动物的某些器官功能起到决定性的影响。而与此同时，环境的变化在削弱一部分功能的同时，还会让其他的感官功能：比如听觉、嗅觉等变得非常强大。

洞螈的头部两侧还长着两个粉红色的羽毛状的东西，很像京剧里公主头上戴的凤冠，其实这个是洞螈一个重要的器官——鳃，洞螈在水里潜伏的话，就靠这种和鱼类一样的鳃来呼吸，那微微的红色其实是运输氧气的血液流动造成的。而当它们上岸的时候，它们还有另外一套呼吸系统——肺。这让它们能够适应水、陆两种生活环境，成为真正的两栖战士。

洞螈主要生活在斯洛文尼亚阿尔卑斯山脉石灰岩溶洞的地下水脉中，它们神秘的身世、奇特的外貌，让当地的人们对这个物种特别敬畏,当地流传了很多关于洞螈的奇妙传说。

在17世纪的时候，当地人还认为洞螈是龙——这种传说中邪恶动物的孩子,而龙则是罗马尼亚贝拉河流域每年洪水泛滥的元凶祸首。因此,当地人用一个希腊神话中海神的名字,“普罗蒂斯”来命名这种神秘的动物。因此,洞螈也成为了这一地区独特的文化符号,斯洛文尼亚的旧钱币上,就印着洞螈的形象。至今,洞螈还被当做斯洛文尼亚自然遗产的一种象征。